中文版 Mastercam 2018

数控加工从入门到精通

李敬文 等编著

机械工业出版社

CHINA MACHINE PRESS

前　　言

Mastercam 2018 是由美国 CNC software 公司推出的基于 PC 平台的 CAD/CAM 一体化软件，自 1981 年推出第一代 Mastercam 产品以来，软件功能不断更新与完善，目前 Mastercam 已被工业界及学校广泛采用。Mastercam 2018 版本对三轴和多轴功能做了大幅度的提升，包括三轴曲面加工和多轴刀具路径。Mastercam 2018 采用全新技术并与微软公司 Windows 技术更加紧密结合，使程序运行更流畅，设计更高效。由于卓越的设计及加工功能，Mastercam 在世界上拥有众多的忠实用户，已广泛应用于机械、电子、航空等领域。

本书内容

本书采用 Mastercam 2018 版本，向读者详细讲解该软件的产品造型设计、三轴曲面粗加工和精加工、四轴和五轴加工等功能。

全书共 11 章，分两大部分进行讲解。第 1~3 章主要针对初学者对造型设计、模具设计等功能进行讲解和实战应用。第 4~11 章主要介绍 Mastercam 的 2D、3D 以及多轴和车削、线切割、模具加工编程及应用方法。以导读、案例解析、界面与命令详解、技巧点拨、上机实战、实战案例、课后习题的结构来展开编写。

本书内容涉及如下环节。

☑ **本章导读**：概述各章的知识点与主要内容。

☑ **界面与命令详解**：详细介绍造型的思维方法、操作技巧或刀具路径、操作步骤及其方法技巧。

☑ **技巧点拨**：介绍 Mastercam 造型和加工的实用技巧。

☑ **上机实战**：主要介绍各章中软件功能指令或技术点应用的实际操作方法，并列出详细的操作步骤。

☑ **实战案例**：此部分主要通过相应实例，对本章造型或者刀具路径中的重点和难点内容进行解读，帮助读者掌握造型设计的思维习惯，提高对加工工艺的分析能力。

☑ **课后习题**：课后习题部分通过小练习加强学员的动手能力，做到举一反三。

本书特色

本书从软件的基本应用及行业知识入手，以 Mastercam 软件应用为主线，以实例为导向，按照由浅入深、举一反三的方式，讲解造型技巧和刀具路径的操作步骤以及分析方法，帮助读者快速掌握 Mastercam 的造型设计和编程加工的思路和方法。

其中，对于 Mastercam 的造型设计和加工编程，本书讲解得非常详细。通过实例和思维的有机统一，本书内容既有战术上具体步骤演练操作，也有战略上的思维技巧分析，使读者不仅学会使用软件，还能够掌握思维方法。本书图文并茂，讲解层次分明，重点难点突出，技巧实用。本书的体例结构生动，实例丰富，内容新颖，编排张弛有度，技巧点拨精准，能够开拓读者思维，提高读者阅读兴趣，帮助读者快速提高对造型设计和编程加工的综合运用的能力。

　　本书既可以作为大、中专院校机械 CAD、模具设计与数控编程加工等专业的教材，也可作为对制造行业有浓厚兴趣的读者的自学教程。

作者信息

　　本书由淄博职业学院的李敬文负责全书的编写工作，共约 40 万字。其他参与内容编校及案例测试的人员也是由 3C 领域工程师及大中专院校相关专业老师组成的专家团队，人员包括：杨春兰、刘永玉、田婧、戚彬、张红霞、金大玮、陈旭、黄晓瑜、王全景、李勇、秦琳晶、吕英波、黄建峰、王晓丹、张雨滋、孙占臣、罗凯、刘金刚、王俊新、董文洋、张学颖、鞠成伟、马萌、赵光、张庆余、王岩、刘纪宝、任军、郝庆波等，他们为本书的顺利出版付出了大量时间和精力。

　　感谢您选择了本书，希望我们的努力对您的工作和学习有所帮助，也期待您把使用本书的意见和建议反馈给我们。

目　　录

第1章

数控加工与编程入门

本章导读

计算机辅助制造（CAM）是产品"项目策划→做手板模型→建模→模具设计"整个环节的终端。因此要掌握加工制造技术，必须先了解整个流程前期的一些准备和设计工作。

本章主要介绍数控加工中的常见知识，包括数控基础知识、加工制造的流程、数控加工制造的一些技术点拨等。

 案例展现

ANLIZHANXIAN

案 例 图	描 述
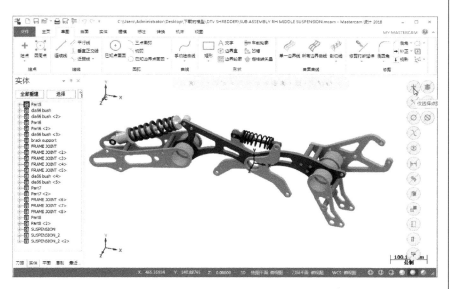	Mastercam 2018 是由美国 CNC software 公司推出的基于 PC 平台的 CAD/CAM 一体化软件。Mastercam 2018 采用全新技术并与微软公司 Windows 技术更加紧密地结合，使得程序运行更流畅，设计更高效

1.1 产品研发各阶段流程

许多读者由于受到所学专业的限制，对整个产品的开发流程不甚了解，这也增加了学习数控加工编程的难度。工厂数控编程工程师所需具备的能力不仅仅是数控工业制造和数控编程，还要懂得如何进行产品设计、如何修改产品、如何做出产品的模具结构等知识。

一个合格的产品设计工程师，如果不懂得模具结构设计和数控加工理论知识，那么在设计产品时往往会脱离实际，导致无法开模和加工生产出来。同样，模具工程师也要懂得产品结构设计和数控加工知识，这样才能清楚地知道如何去修改产品，如何节约加工成本，从而设计出结构更加简易的模具。数控编程工程师是最后一个环节，除了自身具备数控加工的知识外，还要明白如何有效拆电极、拆模具镶件，从而降低加工成本。总而言之，具备多样化的知识，能让您在今后的职场上获得更多、更适合自己的工作岗位。

总体说来，一个成熟的产品从策划到消费者手中，要经历三个重要的设计阶段：产品设计阶段、模具设计阶段和加工制造阶段。

1.1.1 产品设计阶段

通常，一般产品的开发包括以下几个方面的内容。

（1）市场研究与产品流行趋势分析：构想、市场调查产品价值观。

（2）概念设计与产品规划：外形与功能。

（3）D造型设计：外观曲线和曲面、材质和色彩造型确认。

（4）机构设计：包括组装和零件。

（5）模型开发：简易模型、快速模型（R.P）。

1. 市场研究与产品流行趋势分析

任何一款新产品在开发之初，都要进行市场研究。产品设计策略必须建立在客观的调查之上，只有专业的分析推论才能提供正确的依据，产品设计策略不但要适合企业的自身特点，还要适合市场的发展趋势以及适合消费者的消费需求。同时，产品设计策略也必须与企业的品牌、营销等策略相符合。

下面介绍一个热水器项目的案例。

本案例是由国内某设计有限公司完成的，针对某品牌电热水器的当前情况，通过产品设计策划，完成三套主题设计，为力求全面提升原有产品的核心市场地位，树立品牌形象。

（1）热水器行业分析

热水器产品比较（见表1-1）：目前市场上有四种热水器，即燃气热水器、储水式电热水器、即热型电热水器、太阳能热水器。各种产品具有各自的优劣势，各自拥有相应的用户群体。其中即热型电热水器凭借其安全、小巧和时尚的特点正在越来越多地被年轻时尚新房装修的一类群体接受。

表 1-1 热水器产品比较

行　业	劣　势	优　势
传统电热水器	加热时间长、占用空间、水垢	适应任何气候环境，水量大
燃气热水器	空气污染、安全隐患和能源不可再生	快速、占地小，不受水量控制
太阳能热水器	安装条件限制、各地太阳能分布不均	安全、节能、环保、经济
即热型电热水器	安装条件受限制	快速、节能、时尚、小巧、方便

　　热水器产品市场占有率的变化：由于能源价格不断攀升，燃气热水器的竞争优势逐渐丧失，"气弱电强"已成定局，整个电热水器品类的市场机会增大。数据显示，近两年来即热型电热水器行业的年增长率超过 100%，可称得上是家电行业增长最快的产品之一。2006 年国内即热型电热水器的市场销售总量已达 60 万台。预计未来 3～5 年，即热型电热水器将继续保持 50% 以上的高速增长率。图 1-1 所示为即热型电热水器和传统电热水器、燃气热水器、太阳能热水器的市场占有率分析图表。

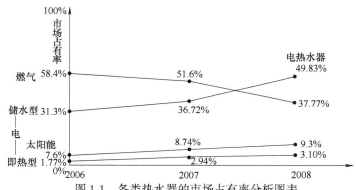

图 1-1 各类热水器的市场占有率分析图表

　　即热型电热水器发展现状：除早期介入市场已经形成一定的规模的知名品牌外，快速电热水器市场比较混乱，绝大部分快速电热水器生产企业不具备技术和研发优势，无一定规模，售后服务不完善，也缺乏资金实力。

　　分析总结：目前进入即热型电热水器领域时机较好。

　　① 市场培育基本成熟，目前进入市场无须培育市场推广费用，风险小。

　　② 行业品牌集中程度不高，没有形成垄断经营局面，基本上仍然处于完全竞争状态，对新进入者是个机会。

　　③ 行业标准尚未建立，没有技术壁垒。

　　④ 产品处在产品生命周期中的高速成长期，目前利润空间较大。

　　(2) 即热型热水器竞争格局

　　即热型热水器竞争格局如图 1-2 所示。

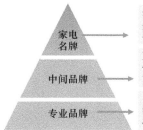

海尔、美的、万和等大品牌开始试探性进入，但产品较少，一般只有几款，而且技术不成熟，因此只在部分或者个别市场销售

蓝勋章、707、斯宝亚创等国外家电生产商相继在我国建立了快速电热水器项目，由于没有适合中国市场的销售模式，因此市场并没有得到快速的发展，只有南方部分城市在销售

以奥特朗、哈佛、太尔等为代表的专业品牌以专业化的产品和符合该行业的销售模式，进行了全国性的推广，并取得了成功，将会成为该行业在中国的主流品牌

图 1-2 即热型热水器竞争格局

- 产品组合策略：凭借设计、研发实力开发出满足不同需要、不同场所、中档到高档五大系列共几十个品种。
- 产品线策略：按常理，在新产品上市初期应尽量降低风险、采用短而窄的产品线，本项目中的品牌产品则反其道而行之，采用了长而宽的产品线策略。一方面强化快速电热水器已经是主流热水器产品的有形证据，让顾客感觉到快速电热水器已经不是边缘产品；另一方面以强势系列产品与传统储水式和燃气式热水器进行对抗，强化行业领导者印象。

2. 概念设计与产品规划

在概念开发与产品规划阶段，将有关市场机会、竞争力、技术可行性、生产需求的信息综合起来，确定新产品的框架。这包括新产品的概念设计、目标市场、期望性能的水平、投资需求与财务影响。在决定某一新产品是否开发之前，企业还可以用小规模实验对概念、观点进行验证，实验可包括样品制作和征求潜在顾客意见。

（1）产品设计规划

产品设计规划是依据企业整体发展战略目标和现有情况，结合外部动态形势，合理地制定本企业产品的全面发展方向和实施方案，以及一些关于周期、进度等方面的具体问题。产品设计规划在时间上要领先于产品开发阶段，并参与产品开发全过程。

产品设计规划的主要内容如下。

- 产品项目的整体开发时间和阶段任务时间计划。
- 确定各个部门和具体人员各自的工作及相互关系与合作要求，明确责任和义务，建立奖惩制度。
- 结合企业长期战略，确定该项目具体产品的开发特性、目标、要求等内容。
- 产品设计及生产的监控和阶段评估。
- 产品风险承担的预测和分布。
- 产品宣传与推广。
- 产品营销策略。
- 产品市场反馈及分析。
- 建立产品档案。

这些内容都在产品设计启动前安排和定位，虽然这些具体工作涉及不同的专业人员，但其工作的结果却是相互关联和相互影响的，最终将交集完成一个共同的目标，体现共同的利益。在整个过程中，需存在一定的标准化操作技巧，同时需要专职人员疏通各个环节，监控各个步骤，期间既包括具体事务管理，也包括具体人员管理。

（2）概念设计

概念设计不同于现实中真实的产品设计，概念产品的设计往往具有一定的超前性，它不考虑现有的生活水平、技术和材料，而是在设计师遇见能力所能达到的范围来考虑人们未来的产品形态，它是一种针对人们的潜在需求的设计。

概念设计主要体现在如下两方面。

- 产品的外观造型风格比较前卫。
- 比市场上现有的同类产品技术上先进很多。

下面列举几款国外的概念产品设计。

① Sbarro Pendolauto 概念摩托车：瑞士汽车摩托改装公司的概念车，有意混淆汽车和摩托车的界限，如图 1-3 所示。

② 概念手机：手机外形简洁，虽说看上去方方正正，但是薄薄的身材有点像巧克力。外壳完全采用橡胶材质，特点是在生活中能经受磕磕碰碰。而且还有个细微的特点，键盘和屏幕是有点倾斜的，更符合人体工程学。内置高清摄像头和一对立体声喇叭，如图 1-4 所示。

图 1-3　Sbarro Pendolauto 概念摩托车

图 1-4　概念手机

③ 折叠式笔记本电脑：设计师 Niels van Hoof 设计了一款全新的折叠式笔记本电脑——Feno，它除了能像普通电脑在键盘与屏幕之间折叠外，柔性 OLED 屏幕的加入使得它还可以从中间再折叠一次，更加小巧，方便携带。它还配备了一个弹出式无线鼠标，轻轻一按，即能弹出使用，如图 1-5 所示。

图 1-5　折叠式笔记本电脑

④ MP3 播放器概念产品：这款新型的 MP3 播放器，既保持小巧的身姿，又能够兼顾 CD 音乐媒体，大部分时候它像是普通的 MP3 播放器一样工作，但是如果想听 CD 音乐，只需要将 CD 插入插槽，通过一端的转轴将 CD 光盘固定住，就可以读取 CD 上的音乐了，如图 1-6 所示。

图 1-6　MP3 播放器

（3）将概念设计商业化

当一个概念设计符合当前的设计、加工制造水平时，就可以商业化了，即把概念产品转变成真正能使用的产品。

把一个概念产品变成具有市场竞争力的商品，并大批量地生产和销售之前，有很多问题需要解决，工业设计师必须与结构设计师、市场销售人员密切配合，对他们提出的设计中一些不切实际的新创意进行修改。对于概念设计中具有可行性的设计成果也要敢于坚持自己的意见，只有这样才能把设计中的创新优势充分发挥出来。

例如，借助了中国卷轴画的创意，设计出一款类似的画轴手机。这款手机平时像一个圆筒，但如果想看视频或者收发消息，则可以从侧面将卷在里面的屏幕抽出来。按照设计师的理念，这块可以卷曲的屏幕还应该有触摸功能，如图1-7所示。

图1-7 卷轴手机

之前，这款手机商业化的难题是没有软屏幕。现在，世界著名的手机厂商三星设计出一款软屏幕"软性液晶屏"，可以像纸一样卷起来，如图1-8所示。利用这个新技术，卷轴手机即可以真正商品化了。

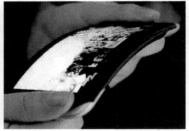

图1-8 三星"软性液晶屏"

（4）概念设计的二维表现

既然产品设计是一种创造活动，就工业产品来讲，新创意往往就是从未出现过的新产品，这种产品的创意是没有参考样品的，无论多么聪明的脑瓜，都不可能一下子在头脑里形成相当成熟和完整的方案，必须借助于书面的表达方式，或文字，或图形，随时记录想法进而推敲定案。

① 手绘表现

在诸多的表达方式（如速写、快速草图、效果图、电脑设计等）中，最方便快捷的是一些快速表现方法，如图1-9所示的就是利用速写方式进行的创意表现。

通过使用不同颜色的笔，我们可以绘制出带有色彩、质感和光射效果且较为逼真的设计草图，如图1-10所示。

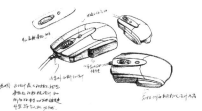

图 1-9　利用速写方式进行创意表现

图 1-10　较逼真的设计草图

现在，工业设计师们越来越多地采用数字手绘方法，即利用数位板（手绘板）手绘，如图 1-11 所示。

② 电脑二维表现

电脑二维表现是另一种表达设计师概念设计意图的方式。计算机二维效果图（2D Rendering）介于草绘和数字模型之间，具有制作速度快、修改方便、基本能够反映产品本身材质、光影、尺度比例等诸多优点。常用的制作二维效果图的软件有 Adobe Photoshop、Adobe Illustrator、Freehand、CorelDRAW 等。效果如图 1-12 和图 1-13 所示。

图 1-11　利用数位板（手绘板）手绘

图 1-12　手机二维设计效果图　　　　图 1-13　太阳能手电筒二维设计效果图

3. 3D 造型设计

有了产品的手绘草图以后，我们就可以利用计算机辅助设计软件进行 3D 造型了。3D 造型设计也就是将概念产品参数化，便于后期的产品修改、模具设计及数控加工等工作。

工业设计师常用的 3D 造型设计软件有 Creo、UG、SolidWorks、Rhino、Alias、3ds Max、

Mastercam、Cinema 4D 等。

首先，产品设计师利用 Rhino 或 Alias 造型设计出不带参数的产品外观，图 1-14 所示为利用 Rhino 软件设计的产品造型。

在产品外观造型阶段，还可以再次对方案进行论证，以达到让客户满意的效果。

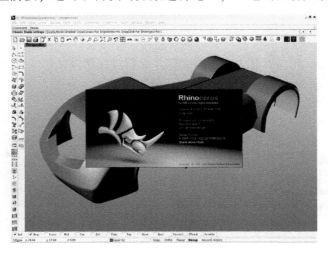

图 1-14　在 Rhinoceros 中造型

之后，将在 Rhino 中构建的模型导入到 Creo、UG、SolidWorks 或 Mastercam 中，进行产品的结构设计，这样的结构设计是带有参数的，便于后期的数据存储和修改。图 1-15 所示为利用 Mastercam 软件进行产品结构设计的示意图。

图 1-15　在 Mastercam 中进行结构设计

前面我们介绍了产品的二维表现，这里我们可以用 3D 软件制作出逼真的实物效果图，如图 1-16 ~ 图 1-19 所示为利用 Alias、V-Ray for Rhino、Cinema 4D 等 3D 软件制作的概念产品效果图。

图 1-16　StudioTools 制作的电熨斗效果图

图 1-17　V-Ray for Rhino 制作的消毒柜效果图

图 1-18　V-Ray for Rhino 制作的食品加工机效果图

图 1-19　Cinema 4D 制作的概念车效果图

4. 机构设计

3D 造型完成后，还要创建产品的零件图纸和装配图纸，这些图纸用来在加工制造和装配过程中做参考用。图 1-20 所示为利用 SolidWorks 软件创建的某自行车产品图纸。

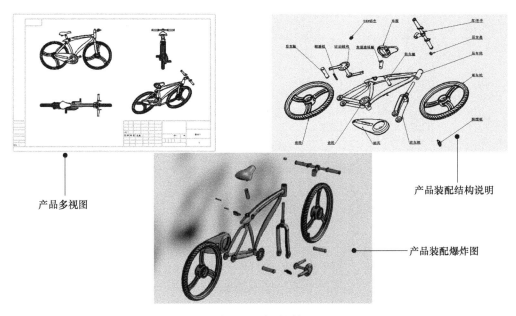

产品多视图

产品装配结构说明

产品装配爆炸图

图 1-20　产品图纸

5. 模型开发

模型是一种设计的表达形式，以接近现实的、立体的形态来表达设计师的设计理念及创意思想。同时，模型也是一种方案，使设计师的意图转化为视觉和触觉的近似真实的设计方

案。产品设计模型与市场上销售的商品
模型有根本的区别。产品模型的功能是
设计师将自己所从事的产品设计过程中
的构想与意图以接近或等同于设计产品
的形式直观化体现出来。这个体现过程
其实就是一种设计创意的体现过程。可
以使人们直观地感受设计师的创造理
念、灵感、意识等诸要素，如图1-21
所示。

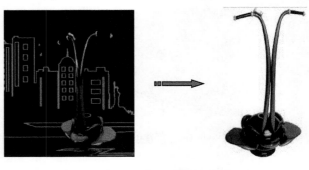

图1-21 效果图向模型的转换

1.1.2 模具设计阶段

除了前面介绍的利用3D打印机技术制作产品以外，几乎所有的塑胶产品都需要利用注
射成型技术（模具）来制造。

1. 注射成型模具

塑料注射成型是塑料加工中最普遍采用的方法，该方法适用于全部热塑性塑料和部分热
固性塑料，制得的塑料制品数量之大是其他成型方法望尘莫及的。作为注射成型加工的主要
工具之一的注塑模具，在质量精度、制造周期以及注射成型过程中的生产效率等方面的水平
高低，直接影响产品的质量、产量、成本及更新速度，同时也决定着企业在市场竞争中的反
应能力。常见的注射模具典型结构如图1-22所示。

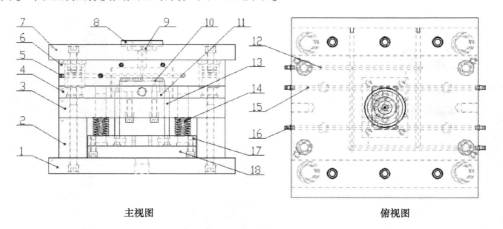

主视图　　　　　　　　　　　　　俯视图

1—动模座板　2—支撑板　3—动模垫板　4—动模板　5—管赛　6—定模板　7—定模座板
8—定位环　9—浇口衬套　10—型腔组件　11—推板　12—围绕水道　13—顶杆　14—复位弹簧
15—直水道　16—水管街头　17—顶杆固定板　18—推杆固定板

图1-22 注射模具典型结构

注射成型模具主要由以下几个部分构成。

● **成型零件**：直接与塑料接触构成塑件形状的零件称为成型零件，包括型芯、型腔、
螺纹型芯、螺纹型环、镶件等。其中构成塑件外形的成型零件称为型腔，构成塑件
内部形状的成型零件称为型芯，如图1-23所示。

● 浇注：将熔融塑料由注射机喷嘴引向型腔的通道。通常，浇注由主流道、分流道、浇口和冷料穴 4 个部分组成，如图 1-24 所示。

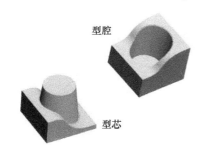

图 1-23　模具成型零件

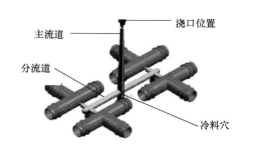

图 1-24　模具的浇注

● 分型与抽芯机构：当塑料制品上有侧孔或侧凹时，开模推出塑料制品以前，必须先进行侧向分型，将侧型芯从塑料制品中抽出，塑料制品才能顺利脱模，例如斜导柱、滑块、锁紧块等，如图 1-25 所示。

● 导向零件：导向零件是引导动模和推杆固定板运动，保证各运动零件之间相互位置的准确度的零件，如导柱、导套等，如图 1-26 所示。

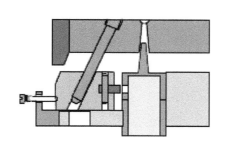

图 1-25　分型与抽芯机构

图 1-26　导向零件

● 推出机构：在开模过程中将塑料制品及浇注凝料推出或拉出的装置，如推杆、推管、推杆固定板、推件板等，如图 1-27 所示。

● 加热和冷却装置：为满足注射成型工艺对模具温度的要求，模具上需设有加热和冷却装置。加热时在模具内部或周围安装加热元件，冷却时在模具内部开设冷却通道，如图 1-28 所示。

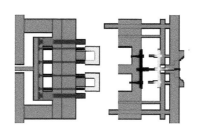

图 1-27　推出机构

图 1-28　模具冷却通道

- 排气：在注射过程中，为将型腔内的空气及塑料制品在受热和冷凝过程中产生的气体排除而开设的气流通道。排气通常是在分型面处开设排气槽，有的也可利用活动零件的配合间隙排气，如图 1-29 所示。
- 模架：主要起到装配、定位和连接的作用，包括定模板、动模板、垫块、支承板、定位环、销钉、螺钉等，如图 1-30 所示。

图 1-29 排气部件

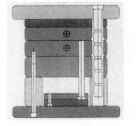

图 1-30 模具模架

2. 产品设计要求及修改建议

（1）肉厚要求

在设计制件时，制件的厚度应符合各处均匀的原则。决定肉厚的尺寸及形状需考虑制件的构造强度、脱模强度等因素，如图 1-31 所示。

（2）脱模斜度要求

为了在模具开模时能够使制件顺利取出，从而避免损坏，制件设计时应考虑增加脱模斜度。脱模角度一般取 0.5 的整倍数，如 0.5、1、1.5、2 等。通常，制件的外观脱模角度较大，更便于成型后脱模，在不影响其性能的情况下，一般应取较大脱模角度，如 5～10°，如图 1-32 所示。

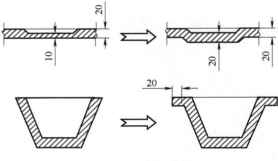

图 1-31 制件的肉厚

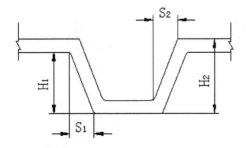

高度H 拔模比	凸面凹面	
外侧S1/H1	1/30	1/40
内侧S2/H2	/	1/60

图 1-32 制件的脱模斜度要求

（3）BOSS 柱（支柱）处理

支柱可以突出胶料壁厚，用以装配产品、隔开对象及支撑承托其他零件。空心的支柱可以用来嵌入镶件、收紧螺丝等。这些应用均要有足够强度支持压力而不至于破裂。

为避免在拧上螺丝时弹出打滑的情况，支柱的出模角一般会以支柱顶部的平面为中性面，而且角度一般为 0.5°~1.0°。支柱的高度超过 15.0mm 的时候，为加强支柱的强度，可在支柱连上些加强筋，作结构加强之用。支柱需要穿过 PCB 的时候，同样在支柱连上些加强筋，而且将加强筋的顶部设计成平台形式，作承托 PCB 之用，而平台的平面与丝筒顶的平面必须要有 2.0~3.0mm，如图 1-33 所示。

为了防止制件的 BOSS 部位弹出缩水，应做防缩水结构，即"火山口"，如图 1-34 所示。

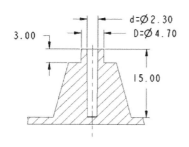

图 1-33　BOSS 柱的处理

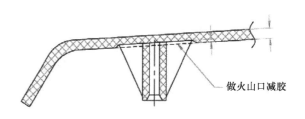

图 1-34　做火山口防缩水

3. 模具设计注意事项

合理的模具设计主要体现在以下几个方面：所成型的塑料制品的质量；外观质量与尺寸稳定性；加工制造时方便、迅速、简练，节省资金、人力，留有更正、改良余地；使用时安全、可靠、便于维修；在注射成型时有较短的成型周期；较长使用寿命；具有合理的模具制造工艺性。

设计人员在模具设计时应注意以下重要事项。

● 模具设计开始时应多考虑几种方案，衡量每种方案的优缺点，并从中优选一种最佳设计方案。对于 T 型模，亦应认真对待。由于时间与认识上的原因，当时认为合理的设计，经过生产实践一定会有可改进之处。

● 在交出设计方案后，要与工厂多沟通，了解加工过程及制造使用中的情况。每套模具都应有一个分析经验、总结得失的过程，这样才能不断提高模具的设计水平。

● 设计时多参考过去所设计的类似图纸，吸取其经验与教训。

● 模具设计部门应视为一个整体，不允许设计成员各自为政，特别是在模具设计总体结构方面，一定要统一风格。

4. 利用 CAD 软件设计模具

常见的用于模具结构设计的计算机辅助设计软件有 Creo、UG、SolidWorks、Mastercam、CATIA 等。模具设计的步骤如下。

（1）分析产品。主要是分析产品的结构、脱模性、厚度、最佳浇口位置、填充分析、冷却分析等，若发现产品有不利于模具设计的情况，与产品结构设计师商量后进行修改。图 1-35 所示为利用 Mastercam 软件对产品进行的脱模性分析，即更改产品的脱模方向。

（2）分型线设计。分型线是型腔与型芯的分隔线。它在模具设计初期阶段有着非常重要的指导作用——只有合理地找出分型线才能正确分模。产品的模具分型线如图 1-36 所示。

图 1-35　产品的脱模性分析

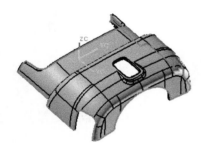

图 1-36　模具分型线

（3）分型面设计。模具上用以取出制品与浇注凝料的、分离型腔与型芯的接触表面称为分型面。在制品的设计阶段，应考虑成型时分型面的形状和位置。模具分型面如图 1-37 所示。

（4）成型零件设计。构成模具模腔的零件统称为成型零件，主要包括型腔、型芯、各种镶块、成型杆和成型环。图 1-38 所示为模具的整体式成型零件。

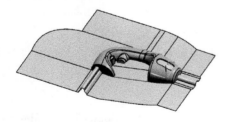
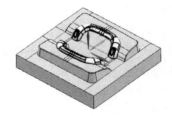

图 1-37　模具分型面　　　　　　　　图 1-38　整体式成型零件

（5）模架设计。模架（沿海地区或称为"模胚"）一般采用标准模架和标准配件，这对缩短制造周期、降低制造成本是有利的。模架有国际标准和国家标准，符号国家标准的龙记模架结构如图 1-39 所示。

（6）浇注设计。浇注是指塑料熔体从注塑机喷嘴出来后到达模腔前在模具中所流经的通道。普通浇注由主流道、分流道、浇口、冷料穴几部分组成，图 1-40 所示为卧式注塑模的普通浇注。

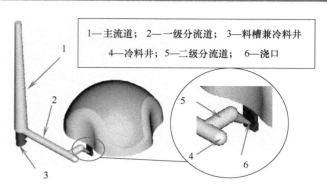

1—主流道； 2—一级分流道； 3—料槽兼冷料井
4—冷料井；5—二级分流道； 6—浇口

图 1-39 模架   图 1-40 普通浇注

（7）侧向分型机构设计。因某些特殊要求，在塑件无法避免其侧壁内外表面弹出凸凹形状时，模具就需要采取特殊的手段对所成形的制品进行脱模。因为这些侧孔、侧凹或凸台与开模方向不一致，所以在脱模之前必须先抽出侧向成形零件，否则不能脱模。这种带有侧向成形零件移动的机构我们称之为侧向分型与抽芯机构。图 1-41 所示为模具四面侧向分型的滑块机构设计。

（8）冷却设计。模具冷却的设计与使用的冷却介质、冷却方法有关。注塑模可用水、压缩空气和冷凝水冷却，其中使用水冷却最为广泛，因为水的热容量大、传热系数大、成本低。冷却组件包括冷却水路、水管接头、分流片、堵头等。图 1-42 所示为模具冷却设计图。

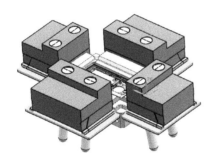

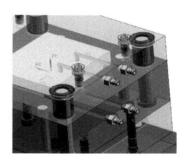

图 1-41 四面滑块机构   图 1-42 模具冷却

（9）顶出。成型模具必须有一套准确、可靠的脱模机构，以便在每个循环中将制件从型腔内或型芯上自动脱出模具外，脱出制件的机构称为脱模机构或顶出机构（也叫模具顶出）。常见的顶出形式有顶杆顶出和斜向顶出，如图 1-43 所示。

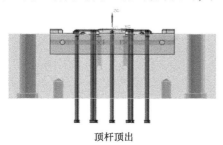

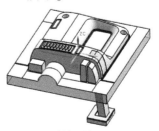

顶杆顶出   斜向顶出

图 1-43 顶出

（10）拆电极。作为数控编程师，一定要会拆镶块和拆电极。拆镶块，可以降低模具数控加工的成本。拆出来的镶块可以用普通机床、线切割机床完成加工。如果不拆，那么就可能要应用电极加工方式，电极加工成本是很高的。就算不用电极加工，对于数控机床来说也会增加加工时间。图1-44所示为拆镶块的示意图。

有时候为了保证产品的外观质量，例如手机外壳，不允许有接缝产生。因此必须利用电极加工，此时就需要拆电极。图1-45所示为模具的型芯零件与型芯电极。

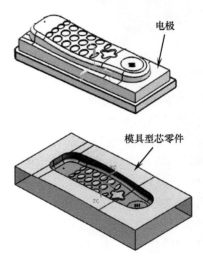

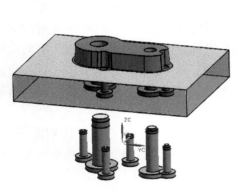

图1-44　拆镶块　　　　　　　　　图1-45　拆电极

1.1.3　加工制造阶段

在模具加工制造阶段，新手除了应掌握前面介绍的知识外，还应掌握以下重要内容。

1. 数控加工中常见的模具零件结构

编程者必须对模具零件结构有一定的认识，如模具中的前模（型腔）、后模（型芯）、行位（滑块）、斜顶、枕位、碰穿面、擦穿面和流道等。

一般情况下，前模的加工要求比后模的加工要求高，所以前模面必须加工得非常准确和光亮，该清的角一定要清；后模的加工有所不同，有些角不一定需要清得很干净，表面也不需要很光亮。另外，模具中一些特殊部位的加工工艺要求不相同，如模具中的角位需要留0.02mm的余量待打磨师傅打磨；前模中的碰穿面、擦穿面需要留0.05mm的余量用于试模。

图1-46列出了模具中的一些常见组成零件。

2. 模具加工的刀具选择

在模具型腔数控铣削加工中，刀具的

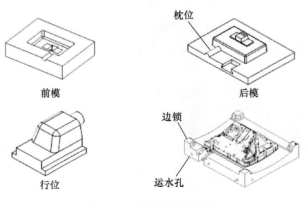

图1-46　常见的模具零件

选择直接影响着模具零件的加工质量、加工效率和加工成本，因此正确选择刀具有着十分重要的意义。在模具铣削加工中，常用的刀具有平端立铣刀、圆角立铣刀、球头刀和锥度铣刀等，如图1-47（a）、（b）、（c）、（d）所示。

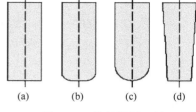

图 1-47 模具铣削刀具

（1）选择刀具的原则

在模具型腔加工时，刀具的选择应遵循以下原则。

● 根据被加工型面形状选择刀具类型：对于凹形表面，在半精加工和精加工时，应选择球头刀，以得到好的表面质量，但在粗加工时宜选择平端立铣刀或圆角立铣刀，这是因为球头刀切削条件较差；对于凸形表面，粗加工时一般选择平端立铣刀或圆角立铣刀，但在精加工时宜选择圆角立铣刀，这是因为圆角铣刀的几何条件比平端立铣刀好；对于带脱模斜度的侧面，宜选用锥度铣刀，虽然采用平端立铣刀通过插值也可以加工斜面，但会使加工路径变长而影响加工效率，同时会加大刀具的磨损而影响加工的精度。

● 根据从大到小的原则选择刀具：模具型腔一般包含有多个类型的曲面，因此在加工时一般不能只选择一把刀具完成整个零件的加工。无论是粗加工还是精加工，应尽可能选择大直径的刀具，因为刀具直径越小，加工路径越长，造成加工效率降低，同时刀具的磨损会造成加工质量的明显差异。

● 根据型面曲率的大小选择刀具：在精加工时，所用最小刀具的半径应小于或等于被加工零件上的内轮廓圆角半径，尤其是在拐角加工时，应选用半径小于拐角处圆角半径的刀具，并以圆弧插补的方式进行加工，这样可以避免采用直线插补而弹出过切现象。在粗加工时，考虑到尽可能采用大直径刀具的原则，一般选择的刀具半径较大，这时需要考虑的是粗加工后所留余量是否会给半精加工或精加工刀具造成过大的切削负荷，因为较大直径的刀具在零件轮廓拐角处会留下更多的余量，这往往是精加工过程中弹出切削力的急剧变化而使刀具损坏或栽刀的直接原因。

● 粗加工时尽可能选择圆角铣刀：一方面，圆角铣刀在切削中可以在刀刃与工件接触的 0~90° 范围内给出比较连续的切削力变化，这不仅对加工质量有利，而且会使刀具寿命大大延长；另一方面，在粗加工时选用圆角铣刀，与球头刀相比具有良好的切削条件，与平端立铣刀相比可以留下较为均匀的精加工余量，如图1-48所示，这后续加工十分有利。

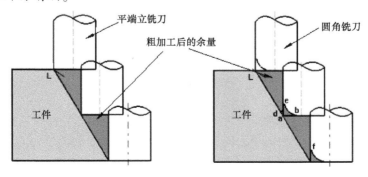

图 1-48 圆角铣刀与平端铣刀粗加工后余量比较

（2）刀具的切入与切出

一般的 UG CAM 模块提供的切入切出方式包括刀具垂直切入切出工件、刀具以斜线切入工件、刀具以螺旋轨迹下降切入工件、刀具通过预加工工艺孔切入工件以及圆弧切入切出工件。

其中，刀具垂直切入切出工件是最简单、最常用的方式，适用于可以从工件外部切入的凸模类工件的粗加工和精加工以及模具型腔侧壁的精加工，如图 1-49 所示。

刀具以斜线或螺旋线切入工件常用于较软材料的粗加工，如图 1-50 所示。通过预加工工艺孔切入工件是凹模粗加工常用的下刀方式，如图 1-51 所示。圆弧切入切出工件由于可以消除接刀痕而常用于曲面的精加工，如图 1-52 所示。

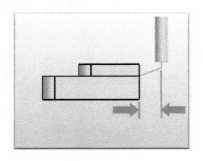

图 1-49　垂直切入切出

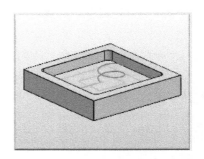

图 1-50　螺旋切入切出

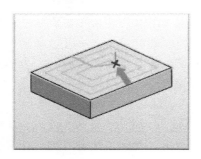

图 1-51　预钻孔切入

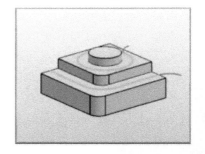

图 1-52　圆弧切入切出

技术点拨	在粗加工型腔时，如果采用单向走刀方式，一般 CAD/CAM 提供的切入方式是一个加工操作开始时的切入方式，并不定义在加工过程中每次的切入方式，这个问题有时是造成刀具或工件损坏的主要原因。解决这一问题的一种方法是采用环切走刀方式或双向走刀方式，另一种方法是减小加工的步距，使背吃刀量小于铣刀半径。

3. 模具前后模编程注意事项

在编写刀路之前，先将图形导入编程软件，再将图形中心移动到默认坐标原点，最高点移动到 Z 原点，并将长边放在 X 轴方向，短边放在 Y 轴方向，基准位置的长边向着自己，如图 1-53 所示。

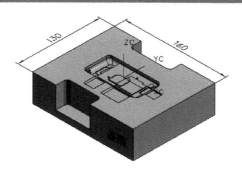

图1-53 加工模型的位置确定

技术 点拨	工件最高点移动到Z原点有两个目的，一是防止程式中忘记设置安全高度造成撞机，二是反映刀具保守的加工深度。

（1）前模（定模仁）编程注意事项

编程技术人员编写前模加工刀路时，应注意以下事项。

● 前模加工的刀路排序：大刀开粗→小刀开粗和清角→大刀光刀→小刀清角和光刀。

● 应尽量用大刀加工，不要用太小的刀，小刀容易弹刀，开粗通常先用刀把（圆鼻刀）开粗，光刀时尽量用圆鼻刀或球刀，因为圆鼻刀足够大，有力，而球刀主要用于曲面加工。

● 有PL面（分型面）的前模加工时，通常会碰到一个问题，当光刀时PL面因碰穿需要加工到数，而型腔要留0.2~0.5mm的加工余量（留出来打火花）。这时可以将模具型腔表面朝正向补正0.2~0.5 mm，PL面在写刀路时将加工余量设为0。**为保持图文一致原则，本书中提及的刀具方面的"补正"为软件中的命令名称，含义与通常所说的"补偿"相同，"补偿"是数控理论知识的标准说法。**

● 前模开粗或光刀时通常要限定刀路范围，一般默认参数以刀具中心产生刀具路径，而不是刀具边界范围，所以实际加工区域比所选刀路范围单边大一个刀具半径。因此，合理设置刀路范围，可以优化刀路，避免加工范围超出实际加工需要。

● 前模开粗常用的刀路方法是曲面挖槽，平行式光刀。前模加工时分型面、枕位面一般要加工到数，而碰穿面可以留余量0.1 mm，以备配模。

● 前模材料比较硬，加工前要仔细检查，减少错误，不可轻易烧焊。

（2）后模（动模）编程注意事项

后模（动模）编程注意事项如下。

● 后模加工的刀路排序：大刀开粗→小刀开粗和清角→大刀光刀→小刀清角和光刀。

● 后模同前模所用材料相同，尽量用圆鼻刀（刀把）加工。分型面为平面时，可用圆鼻刀精加工。如果是镶拼结构，则后模分为镶块固定板和镶块，需要分开加工。加工镶块固定板内腔时要多走几遍空刀，不然会有斜度，形成上面加工到数，下面加工不到位的现象，造成难以配模，深腔更明显。光刀内腔时尽量用大直径的新刀。

● 内腔高、较大时，可翻转过来首先加工腔部位，装配入腔后，再加工外形。如果有止口台阶，用球刀光刀时需控制加工深度，防止过切。内腔的尺寸可比镶块单边小

0.02mm，以便配模。镶块光刀时公差为 0.01～0.03mm，步距值为 0.2～0.5mm。

● 塑件产品上下壳配合处突起的边缘称为止口，止口结构在镶块上加工或在镶块固定板上用外形刀路加工。止口结构如图 1-54 所示。

 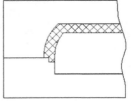

镶块止口   镶块固定板止口

图 1-54   止口结构

1.2   必须掌握的数控编程基础知识

在机械制造过程中，数控加工的应用可提高生产率、稳定加工质量、缩短加工周期、增加生产柔性、实现对各种复杂精密零件的自动化加工，图 1-55 所示为数控加工中心。

数控加工中心易于在工厂或车间实行计算机管理，可减少车间设备总数、节省人力、改善劳动条件，有利于加快产品的开发和更新换代，提高企业对市场的适应能力并提高企业综合经济效益。

图 1-55   数控加工中心

1.2.1   数控加工原理

当操作工人使用机床加工零件时，通常需要对机床的各种动作进行控制，一是控制动作的先后次序，二是控制机床各运动部件的位移量。采用普通机床加工时，这种开车、停车、走刀、换向、主轴变速和开关切削液等操作都是由人工直接控制的。

1. 数控加工的一般工作原理

采用自动机床和仿形机床加工时，上述操作和运动参数是通过设计好的凸轮、靠模和挡块等装置以模拟量的形式来控制的，它们虽能加工比较复杂的零件，且有一定的灵活性和通用性，但是零件的加工精度受凸轮、靠模制造精度的影响，且工序准备时间很长。数控加工的一般工作原理如图 1-56 所示。

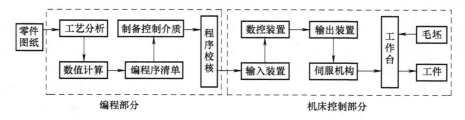

图 1-56   数控加工的工作原理

机床上的刀具和工件间的相对运动，称为表面成形运动，简称成形运动或切削运动。数控加工是指数控机床按照数控程序所确定的轨迹（称为数控刀轨）进行表面成形运动，从而加工出产品的表面形状。图1-57所示为平面轮廓加工示意图，图1-58所示为曲面加工的切削示意图。

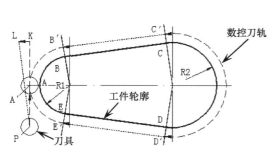

图1-57　平面轮廓加工

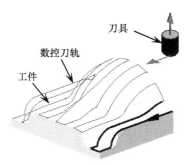

图1-58　曲面加工

2. 数控刀轨

数控刀轨是由一系列简单的线段连接而成的折线，折线上的结点称为刀位点。刀具的中心点沿着刀轨依次经过每一个刀位点，从而切削出工件的形状。

刀具从一个刀位点移动到下一个刀位点的运动称为数控机床的插补运动。由于数控机床一般只能以直线或圆弧这两种简单的运动形式完成插补运动，因此数控刀轨只能是由许多直线段和圆弧段将刀位点连接而成的折线。

数控编程的任务是计算出数控刀轨，并以程序的形式输出到数控机床，其核心内容就是计算出数控刀轨上的刀位点。

在数控加工误差中，与数控编程直接相关的有如下两个主要部分。

● 刀轨的插补误差：由于数控刀轨只能由直线和圆弧组成，因此只能近似地拟合理想的加工轨迹，如图1-59所示。
● 残余高度：在曲面加工中，相邻两条数控刀轨之间会留下未切削区域，如图1-60所示，由此造成的加工误差称为残余高度，它主要影响加工表面的粗糙度。

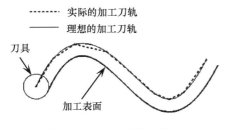

图1-59　刀轨的插补误差

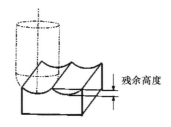

图1-60　残余高度

1.2.2　数控

在数控编程时，为了描述机床的运动，简化程序编制的方法及保证记录数据的互换性，数控机床的坐标系和运动方向均已标准化，ISO和我国都拟定了命名的标准。通过这一部分的学习，能够掌握机床坐标系、编程坐标系、加工坐标系的概念，具备实际动手设置机床加工坐标系的能力。

1. 机床坐标系

在数控机床上，机床的动作是由数控装置控制的，为了确定数控机床上的成形运动和辅助运动，必须先确定机床上运动的位移和运动的方向，这就需要通过坐标系来实现，这个坐标系被称为机床坐标系。

例如铣床上，有机床的纵向运动、横向运动以及垂向运动，在数控加工中应该用机床坐标系来描述，如图 1-61 所示。

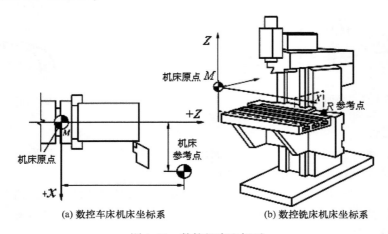

(a) 数控车床机床坐标系   (b) 数控铣床机床坐标系

图 1-61 数控机床坐标系

2. 坐标轴及其运动方向

数控机床上的坐标系采用的是右手直角笛卡尔坐标系，如图 1-62 所示，X、Y、Z 直线进给坐标系按右手定则规定，而围绕 X、Y、Z 轴旋转的圆周进给坐标轴 A、B、C 则按右手螺旋定则判定。

3. 机床原点、机床参考点和工件原点

机床原点是指在机床上设置的一个固定点，即机床坐标系的原点。它在机床装配、调试时就已确定下来，是数控机床进行加工运动的基准参考点。

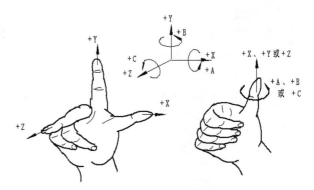

图 1-62 笛卡尔直角坐标

机床原点、机床参考点和工件原点在机床中的对应位置关系如图 1-63 所示。机床参考点是用于对机床运动进行检测和控制的固定位置点。机床参考点的位置是由机床制造厂家在每个进给轴上用限位开关精确调整好的，坐标值已输入数控中。因此参考点对机床原点的坐标是一个已知数。

编程坐标系在机床上表现为工件坐标系，坐标原点称为工件原点。工件原点一般按如下原则进行选取。

● 工件原点应选在工件图样的尺寸基准上。

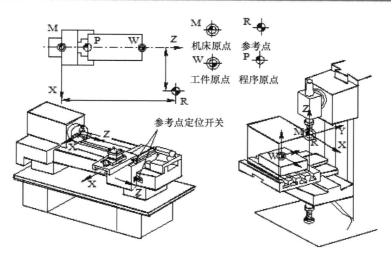

图 1-63 机床原点、参考点和工件原点的对应位置关系

● 能使工件方便地装夹、测量和检验。

● 尽量选在尺寸精度、光洁度比较高的工件表面上，这样可以提高工件的加工精度和同一批零件的一致性。

● 对于有对称几何形状的零件，工件原点最好选在对称中心点上。

4. 加工坐标系

加工坐标系是指以确定的加工原点为基准所建立的坐标系（有时也称工件坐标系）。加工原点也称为程序原点，是指零件被装夹好后，相应的编程原点在机床坐标系中的位置。

在加工过程中，数控机床是按照工件装夹好后所确定的加工原点位置和程序要求进行加工的。编程人员在编制程序时，只要根据零件图样就可以选定编程原点、建立编程坐标系、计算坐标数值，而不必考虑工件毛坯装夹的实际位置。对于加工人员来说，则应在装夹工件、调试程序时，将编程原点转换为加工原点，并确定加工原点的位置，在数控中给予设定（即给出原点设定值），设定加工坐标系后就可根据刀具当前位置，确定刀具起始点的坐标值。在加工时，工件各尺寸的坐标值都是相对于加工原点而言的，这样数控机床才能按照准确的加工坐标系位置开始加工。

1.2.3 数控加工工艺性分析

被加工零件的数控加工工艺性问题涉及面很广，下面结合编程的可能性和方便性提出一些必须分析和审查的主要内容。

1. 尺寸标注应符合数控加工的特点

在数控编程中，所有点、线、面的尺寸和位置都是以编程原点为基准的。因此零件图样上最好直接给出坐标尺寸，或尽量以同一基准引注尺寸。

2. 几何要素的条件应完整、准确

在程序编制中，编程人员必须充分掌握构成零件轮廓的几何要素参数及各几何要素间的关系。因为在自动编程时要对零件轮廓的所有几何元素进行定义，手工编程时要计算出每个节点的坐标，无论哪一点不明确或不确定，编程都无法进行。由于零件设计人员在设计过程中考虑不周或被忽略，常常弹出参数不全或不清楚，如圆弧与直线、圆弧与圆弧是相切还是相交或相离。因此，在审查与分析图纸时，一定要仔细核算，发现问题及时与设计人员联系。

3. 定位基准可靠

在数控加工中，加工工序往往较集中，以同一基准定位十分重要。因此往往需要设置一些辅助基准，或在毛坯上增加一些工艺凸台。如图1-64a所示的零件，为增加定位的稳定性，可在底面增加一工艺凸台，如图1-64b所示。在完成定位加工后再除去凸台。

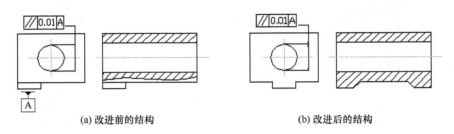

(a) 改进前的结构　　　　　　　　　(b) 改进后的结构

图1-64　工艺凸台的应用

4. 统一几何类型及尺寸

零件的外形、内腔最好采用统一的几何类型及尺寸，这样可以减少换刀次数，还可能应用控制程序或专用程序以缩短程序长度。零件的形状尽可能对称，便于利用数控机床的镜向加工功能来编程，以节省编程时间。

1.2.4　工序划分

根据数控加工的特点，加工工序的划分一般可按下列方法进行。

1. 以同一把刀具加工的内容划分工序

有些零件虽然能在一次安装加工出很多待加工面，但考虑到程序太长，会受到某些限制，如控制的限制（主要是内存容量），机床连续工作时间的限制（如一道工序在一个班内不能结束）等。此外，程序太长会增加出错率，提高查错与检索困难，因此程序不能太长，一道工序的内容也不能太多。

2. 以加工部分划分工序

对于加工内容很多的零件，可按其结构特点将加工部位分成几个部分，如内形、外形、曲面或平面等。

3. 以粗、精加工划分工序

对于易发生加工变形的零件，由于粗加工后可能发生较大的变形而需要进行校形，因此一般来说凡要进行粗、精加工的工件都要将工序分开。

综上所述，在划分工序时，一定要视零件的结构与工艺性、机床的功能、零件数控加工内容的多少、安装次数及本单位生产组织状况灵活进行。

是采用工序集中的原则还是采用工序分散的原则，要根据实际需要和生产条件确定，力求合理。

加工排序的安排应根据零件的结构和毛坯状况，以及定位安装与夹进的需要来考虑，重点是工件的刚性不被破坏。排序安排一般应按下列原则进行。

● 上道工序的加工不能影响下道工序的定位与夹紧，中间穿插通用机床加工工序时，要综合考虑。

● 先进行内型腔加工工序，后进行外型腔加工工序。

● 在同一次安装中进行多道工序时，应先安排对工件刚性破坏小的工序。

● 以相同定位、夹紧方式或同一把刀具加工的工序最好连接进行，以减少重复定位次数、换刀次数与挪动压板次数。

1.2.5 数控程序格式

数控加工程序由若干程序段构成。程序段是按照一定排序、能使数控机床完成某特定动作的一组指令。每个指令都是由地址字符和数字所组成，如 G01 表示直线插补指令，M03 表示主轴顺时针旋转指令，X30.0 表示 X 向的位移，F200 表示刀具进给速度等。若干程序可组成一道完整的零件加工程序。

1. 程序段格式

程序段的格式是指一个程序段中指令字的排序和书写规则，不同的数控往往有不同的程序段格式，格式不符合规定，数控就不能接受。目前广泛采用的是地址符可变程序段格式（或者称字地址程序段格式），其编排格式如下。

N_G_ X_Y_Z_ I_J_K_ T_H_ S_M_F_；

U_V_W_R_ D_ LF（或 * 或 $ 或回车符）

在程序段中，必须明确组成程序段的各要素。

● 程序段排序号：N 表示程序段排序号，范围为 N0000 ~ N9999。有的数控可以省略程序号。

● 沿怎样的轨迹移动：准备功能字 G，范围为 G00 ~ G99。

● 移动目标：终点坐标值 X、Y、Z。

● 进给速度：进给功能字 F。

● 切削速度：主轴转速功能字 S。

● 使用刀具：刀具功能字 T。

● 机床辅助动作：辅助功能字 M。

；、 * 、$ 或 LF 等是程序结束的标志，控制不同，结束标志也不尽相同。

2. 加工程序的一般格式

加工程序的一般格式包括程序开始符与结束符、程序名、程序主体，以及程序结束指令等。

● 程序开始符、结束符：为同一个字符，ISO 代码中是 %，EIA 代码中是 EP，书写时要单列一段。

● 程序名：程序名有两种形式，一种是由英文字母 O 和 1 ~ 4 位正整数组成；另一种是由英文字母开头，字母数字混合组成。一般要求单列一段。

● 程序主体：程序主体是由若干个程序段组成的。每个程序段一般占一行。

● 程序结束指令：程序结束指令可以用 M02 或 M30。一般要求单列一段。

加工程序的一般格式示例如下。

%	//开始符
O0029	//程序名
N10 G00 Z100;	//程序段
N20 G17 T02;	//程序段
N30 G00 20180 Y65 Z2 S800;	//程序段
N40 G01 Z-3 F50;	//程序段
N50 G03 X20 Y15 I-10 J-40;	//程序段
N60 G00 Z100;	//程序段
N70 M30;	//程序段
%	//结束符

技术 点拨	M02 和 M03 不能同时弹出在一组程序中。

1.2.6 主要功能指令

数控机床的运动是由程序控制的, 而准备功能和辅助功能是程序段的基本组成部分。目前国际上广泛应用的是 ISO 标准, 我国根据 ISO 标准制订了 JB3208 – 83《数控机床的准备功能 G 和辅助功能的代码》。

1. 准备功能 (G 功能)

使机床做某种操作的指令, 用地址 G 和两位数字表示, 范围为 G00 ~ G99, 共 100 种。

准备功能指令按其有效性的长短分属于两种模态: 0 组的指令为非模态指令; 其余组的指令为模态指令。

(1) 非模态 G 功能

只在所规定的程序段中有效, 程序段结束时被注销, 示例如下。

N10 G04 P10.0 (延时 10s)

N11 G91 G00 X-10.0 F200 (X 负向移动 10mm)

N10 程序段中 G04 是非模态代码, 不影响 N11 程序段的移动。

(2) 模态 G 功能

一组可相互注销的 G 功能, 这些功能一旦被执行, 则一直有效, 直到被同一组的 G 功能注销为止, 示例如下。

N15 G91 G01 X-10.0 F200

N16   Y10.0 (G91、G0 仍然有效)

N17 G03 X20 Y20 R20 (G03 有效, G01 无效)

2. 辅助功能 (M 功能)

控制机床及其辅助装置的通断的指令, 如开、停冷却泵; 主轴正反转、停转; 程序结束等。M 功能指令由 M 后带二位数字组成, 范围为 M00 ~ M99, 共有 100 种。M 指令也有模态(续效)指令与非模态指令之分。

3. 进给功能（F功能）

进给功能字的地址符是F，又称为F功能或F指令，用于指定切削的进给速度。对于车床，F可分为每分钟进给和主轴每转进给两种，对于其他数控机床，一般只用每分钟进给。F指令在螺纹切削程序段中常用来指令螺纹的导程。

4. 主轴转速功能（S功能）

主轴转速功能字的地址符是S，又称为S功能或S指令，用于指定主轴转速，单位为r/min。对于具有恒线速度功能的数控车床，程序中的S指令用来指定车削加工的线速度数。

5. 刀具功能（T功能）

刀具功能字的地址符是T，又称为T功能或T指令，用于指定加工时所用刀具的编号。对于数控车床，其后的数字还兼作指定刀具长度补正和刀尖半径补正用。

1.3 Mastercam 2018 编程软件简介

Mastercam 2018 是由美国 CNC software 公司推出的基于 PC 平台的 CAD/CAM 一体化软件，自 1981 年推出第一代 Mastercam 产品开始，就以其强大的加工功能闻名于世。几十年来，该软件功能进行不断更新与完善，已被工业界及学校广泛采用。

CIMdata 公司对 CAM 软件行业的历年分析排名表明：Mastercam 销量排名位居世界前列，是 CAD/CAM 软件行业持续十多年销量前列的软件巨头。

Mastercam 2018 是目前全流版本。该软件的核心已重新设计，采用全新技术，并与微软公司 Windows 技术更加紧密结合，使程序运行更流畅，设计更高效。由于其卓越的设计及加工功能，在世界上拥有众多的忠实用户，被广泛应用于机械、电子、航空等领域。由于 Mastercam 出色的表现，在我国制造业及教育业界有着极为广阔的应用前景。

在桌面上启动软件后，即弹出 Mastercam 软件的界面，该界面中包含上下文选项卡、功能区选项卡、状态栏、管理面板、选择条、绘图区等，如图 1-65 所示。

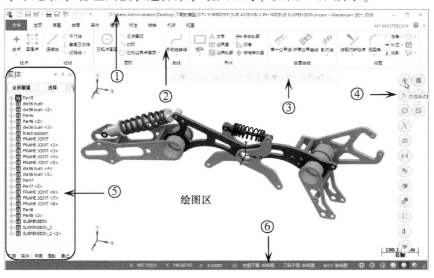

图 1-65　Mastercam 2018 软件的界面

界面中各组成元素的内容如下。

- ①上下文选项卡：上下文选项卡中提供了快捷操作命令，可以定制上下文选项卡，将常用的命令放置在此选项卡中。
- ②功能区选项卡：功能区集合了 Mastercam 所有设计与加工功能指令。根据设计需求不同，功能区中放置了从草图设计到视图控制的命令选项卡，如"主页"选项卡、"草图"选项卡、"曲面"选项卡、"视图"选项卡、"建模"选项卡、"标注"选项卡、"转换"选项卡、"机床"选项卡及"视图"选项卡等。
- ③上选择条：上选择条中包含了用于快速、精确选择对象的辅助工具。
- ④右选择条：右选择条中也包含了很多用于快速、精确选择对象的辅助工具。
- ⑤管理面板：管理面板是用来管理实体建模、工作平面创建、图层管理和刀具路径的选项面板。管理面板可以折叠，也可以打开。当在功能区选项卡中执行某一个操作指令后，管理面板中会显示该指令的选项面板。
- ⑥信息提示栏：用来设置模型显示样式或更改视图方向和工作平面的属性信息。

第2章

产品造型设计

在第1章中，我们介绍了产品设计与模具设计和数控编程加工之间的联系。在本章中，除了对产品设计进一步阐述之外，我们还将学习 Mastercam 2018 的产品设计相关功能。目前市面上可用于产品设计的软件很多，但使用方法是相通的，区别仅仅是用户的操作习惯而已。

 案例展现

ANLIZHANXIAN

案 例 图	描 述
	本例的八角星是采用"圆内接多边形"的方法绘制的，首先绘制一个圆，接着绘制圆内接八边形，再利用"直线"命令连接八边形的顶点，最后修剪曲线得到八角星图形
	排球的绘制原理是，排球球面主要由6块等面积的五边球形曲面构成，五边球形曲面其实是由两个1/4球面垂直相交形成的。在创建排球过程中，主要用实体命令来绘制
	果盘的造型设计难点在于果盘的边缘曲线的创建，此边缘曲线可以用方程式得到，也可以利用样条曲线的相切连续性来连接不同高度上的圆的均衡分布点
	电热灭蚊器造型是壳体造型，可以先进行实体造型得到主体形状，抽壳后再利用布尔求差运算减去壳体上的阵列孔

2.1 二维草图

二维图形的绘制是 Mastercam 建模和加工的基础，包括点、线、圆、矩形、椭圆、盘旋和螺旋线、曲线、圆角和倒角、文字和边界盒等。任何一个图形的建模都离不开点、线、圆等基本的几何元素。

Mastercam 2018 的"草图"选项卡如图 2-1 所示。

图 2-1　"草图"选项卡

2.1.1　绘制直线

Mastercam 2018 提供了多种绘制直线的方式，在"草图"选项卡中"绘线"面板中包含了这些绘制直线的命令。

1. 连续线

单击"连续线"按钮，可以通过任意两点创建一条直线，或通过捕捉两个点或输入两个点的坐标创建连续直线。如图 2-2 所示，通过捕捉矩形的对角点来创建一条矩形对角线。

2. 近距线

"近距线"命令用于绘制两图素之间最近距离线，在"草图"选项卡中"绘线"面板中单击"近距线"按钮，选取绘图区的直线和圆弧，即创建圆弧和直线之间最近距离的直线，如图 2-3 所示。

图 2-2　绘制连续直线

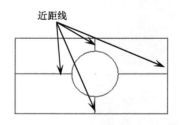

图 2-3　绘制近距线

3. 平分线

平面内两条非平行线必然存在交点，并且形成夹角。"平分线"命令即是用于绘制两相交直线的角平分线。由于直线没有方向性，因此两条相交直线组成的夹角共有 4 个，产生的角平分线当然也应该有 4 种，所以需要用户选择所需要的平分线。

在"草图"选项卡中单击"平分线"按钮，选取两条线，根据选取的直线位置绘制出角平分线，如图 2-4 所示。

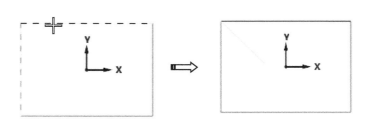

图 2-4　创建角平分线

如果在"平分线"选项面板中选择"多个"策略选项，再选取两条线，将弹出 4 条角平分线，选取其中一条符合要求的角平分线即可，如图 2-5 所示。

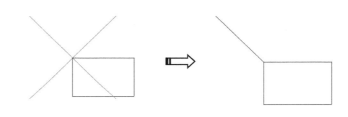

图 2-5　多条角平分线

4. 垂直正交线

"垂直正交线"按钮可以在直线或圆弧曲线上绘制基于某一点（或切点）的法向直线。单击"垂直正交线"按钮 ⊥，弹出"垂直正交线"选项面板。在选项面板中选择"点"方式，将绘制出直线的垂线，如图 2-6 所示。

若在选项面板中选择"相切"方式，选取一个圆，再选取一条辅助直线，即可绘制出垂直于辅助线且经过圆切点的切线，如图 2-7 所示。

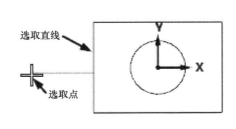

图 2-6　绘制直线的垂直正交线

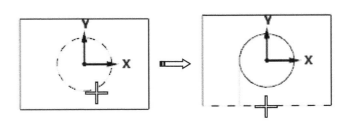

图 2-7　绘制圆的切线

5. 绘制平行线

单击"平行线"按钮 ，可以绘制直线的平行线，或者是圆/圆弧的切线。图 2-8 所示为选取直线作为平行参考而绘制的平行线。

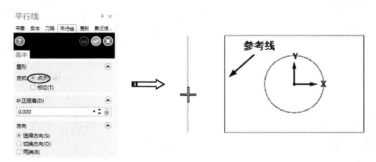

图 2-8　绘制平行线

6. 通过点相切

"点相切"命令通过选择曲线，光标选取位置即为切点，再在曲线一侧单击以确定切线位置，即可创建出该曲线的相切线，如图 2-9 所示。

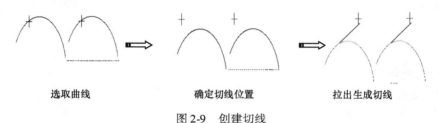

选取曲线　　　　　　　　确定切线位置　　　　　　拉出生成切线

图 2-9　创建切线

技术 点拨	选取曲线后，由于确定切线的位置不同，生成切线也会不同。

2.1.2　绘制圆和圆弧

Mastercam 提供了多种绘制圆弧的工具，包括圆和圆弧，共有 7 种。采用这些命令可以绘制绝大多数的有关圆弧的图形。7 种绘制圆弧的工具见表 2-1。

表 2-1　7 种绘制圆弧的工具

圆弧命令	图解说明	功能介绍
已知点画圆		通过圆心点绘制圆的方式是绘制圆或圆弧最基本的方式，只需要定义圆心点的位置和半径值就可以确定圆

（续）

圆弧命令	图解说明	功能介绍
极坐标画弧	39.74633　346.56211	极坐标画弧以圆心点为极点，圆半径为极径，圆弧的起点作为极坐标起始点，圆弧终点作为极坐标终点绘制圆弧
三点画弧		三点画弧与三点画圆非常类似，采用三点来确定一圆弧。如果与相切进行组合，可以绘制三切弧
两点画弧		两点画弧命令通过选取两点和输入半径值来确定圆弧，或直接选取两点和圆上一点来确定圆弧
已知边界点画圆		已知边界点画圆采用圆上三点来确定一个圆，三点可以确定一个圆，而且是唯一的圆
极坐标点画弧	0.0　90.0	极坐标点画弧采用端点、起始角度、终止角度和半径值来确定某一圆弧。此命令不一定要指定所有的选项，有时候起始和终止角度可以只确定一个，另外，圆弧计算角度的正方向为逆时针方式
切弧		切弧专门用于绘制与某图素相切的圆弧，有7种形式

2.1.3 绘制其他形状

草图工具还提供了其他绘制基本形状的命令，如矩形、椭圆、多边形等。

1. 绘制矩形

标准矩形的形状是固定不变的，可以由对角线定位，也可以由中心定位，在"形状"选项卡中单击"矩形"按钮▢，弹出"矩形"选项面板，如图2-10所示。

默认情况下，以确定对角点坐标的方式来绘制矩形，如图2-11所示。

图2-10　"矩形"选项面板

图2-11　确定对角点绘制矩形

在选项面板中的"设置"卷展栏中勾选"矩形中心点"复选框后，可以确定矩形中心点位置和矩形长度及宽度来绘制矩形，如图2-12所示。勾选"创建曲面"复选框，可以直接创建出矩形平面。

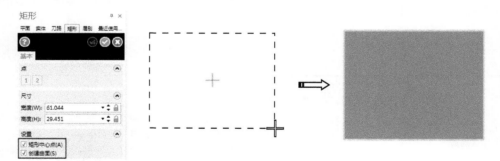

图2-12　以中心点方式绘制矩形

2. 绘制椭圆

椭圆是圆锥曲线的一种，由平面以某种角度切割圆锥所得截面的轮廓线即是椭圆。在"形状"选项卡中单击"椭圆"按钮○，弹出"椭圆"选项面板，如图2-13所示。

椭圆的结构形式大致有3种：NURBS、区段圆弧和区段直线。NURBS方式创建的圆弧为样条曲线方式，区段圆弧方式将整椭圆划分成 N 段圆弧相接，区段直线方式将整椭圆划分成 N 段直线相接。

3. 绘制正多边形

正多边形命令可以绘制边数为 3 ~ 360 的正多边形，要启动绘制多边形命令，可以单击

"多边形"按钮⬠，弹出"多边形"选项面板，该选项面板用来设置多边形参数，如图2-14所示。

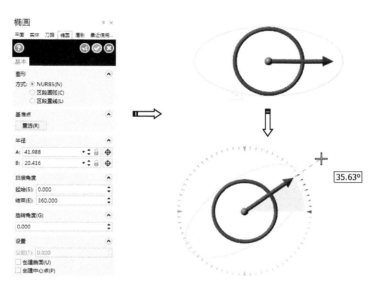

图2-13 设置"椭圆"选项面板并绘制椭圆

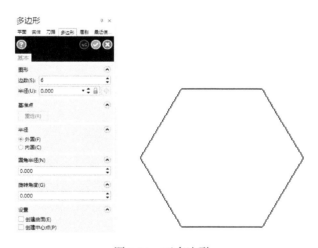

图2-14 正多边形

2.1.4 修剪二维草图

二维图形绘制完毕后会留下很多多余线条，与最后结果还是有一定的差别，需要通过修剪、倒圆角等工具进行修饰，剪掉不需要的图素。修剪草图的工具在"修剪"面板中，如图2-15所示。

图2-15 修剪工具

1. 倒圆角

倒圆角是对两相交图素（直线、圆弧或曲线）进行圆角过渡，避免尖角的弹出。倒圆角有两种，一种是两物体倒圆角，另外一种是串连倒圆角。要启动倒圆角功能，可在"修剪"面板中单击"倒圆角"按钮，弹出"倒圆角"选项面板，如图 2-16 所示。图 2-17 所示为 5 种圆角方式。

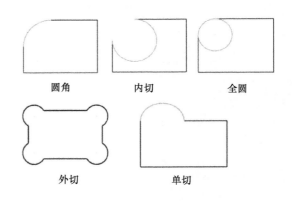

图 2-16　"倒圆角"选项面板　　　　　　图 2-17　5 种圆角方式

2. 串连倒圆角

串连倒圆角功能用于对整个图形中的尖角进行整体倒圆角，单击"串连倒圆角"按钮，弹出"串连倒圆角"选项面板和"串连选项"对话框，如图 2-18 所示。

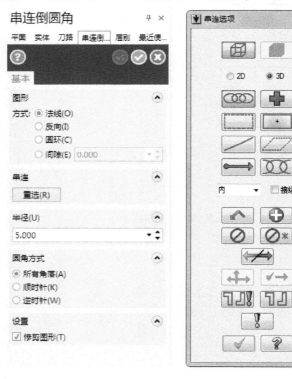

图 2-18　"串连倒圆角"选项面板和"串连选项"对话框

图 2-19 所示为三种圆角方式：所有角落、顺时针和逆时针。

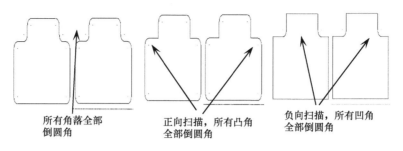

图 2-19　三种倒圆角方式的区别

3. 倒角

倒角是对零件上尖角部位倒斜角处理，在五金零件和车床上的零件应用比较多，单击"倒角"按钮 ，弹出"倒角"选项面板，如图 2-20 所示。

图 2-20　"倒角"选项面板

4 种不同的倒角定义方式如图 2-21 所示。

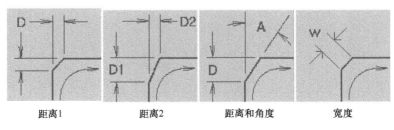

图 2-21　4 种倒角方式

技术 点拨	在不同距离和距离加角度倒角中，先选的一边为第一侧，后选的边为第 二侧。

4. 修剪打断延伸

"修剪打断延伸"按钮可对两个或多个相交的图素在交点处进行修剪、打断或延伸。单击"修剪打断延伸"按钮 ✂，弹出"修剪打断延伸"选项面板，如图2-22所示。

"修剪打断延伸"选项面板中各修剪方式介绍如下。

- 修剪：选择此方式，可修剪多余的曲线。
- 打断：选择此方式，将保留打断的曲线。
- 自动：此方式包含了下面介绍的多种修剪图形的方式。
- 修剪单一物体：采用单一边界来修剪一个图素，选取的部分将保留，没有选取的部分将被删除，先选的物体是要被修剪的物体，后选的物体是用来修剪的工具。例如，选取直线P1，再选取修剪边界P2完成修剪，如图2-23所示。

图2-22 "修剪打断延伸"选项面板

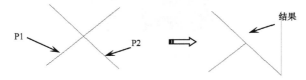

图2-23 修剪单一物体

- 修剪两物体：选取两图素，两图素之间相互作为边界，并且相互之间进行修剪或延伸，选取的部分是保留的部分，没有选取的部分则被修剪。例如，选取直线P1，再选取直线P2完成修剪，如图2-24所示。

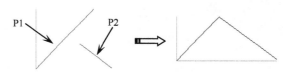

图2-24 修剪两物体

- 修剪三物体：选取三个物体进行修剪，三物体修剪相当于两个两物体修剪，即三物体修剪是第一物体和第三物体进行两物体修剪，同时，第二物体和第三物体进行两物体修剪，所得结果即是三物体修剪。例如，选取直线P1和P2，再选取直线P3完成修剪，如图2-25所示。

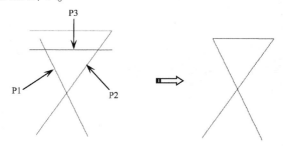

图2-25 修剪三物体

● 分割/删除：直接在边界上将图素分割修剪，如果没有边界，直接将图素删除。"分割/删除"图素命令对于修剪简单的图形效率是非常高的，操作也比较便捷。例如，选取直线 P1 直接完成修剪，如图 2-26 所示。

● 修剪至点：直接在图素上选取某点作为修剪位置，所有在此点之后的图素将全部被修剪，所有在此点之前的图素将全部延伸到此点终止。此修剪方式是最为灵活的修剪方法。例如，选取直线 P1，再单击修剪点 P2 完成修剪，如图 2-27 所示。

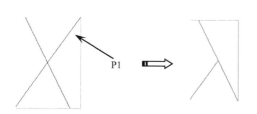

图 2-26　分割/删除

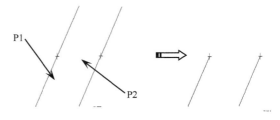

图 2-27　修剪至点

● 延伸：将图素延伸定长或缩短定长。例如，设置延伸的长度为 20mm，选取直线 P1 的右上端，即完成将直线延伸，如图 2-28 所示。

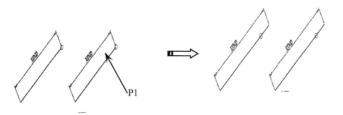

图 2-28　延伸

5. 封闭全圆

"封闭全圆"命令用于将圆弧恢复到整圆，由于圆弧具有整个圆的信息，不管是多小的圆弧，都包含圆的半径和圆心点，所以，所有圆弧都可以恢复成整圆。单击"封闭全圆"按钮，提示选取圆弧，选取绘图区的圆弧，单击"确定"按钮，即可将圆弧封闭成全圆，如图 2-29 所示。

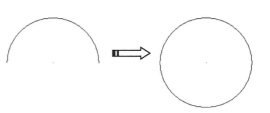

图 2-29　封闭全圆

6. 打断全圆

"打断全圆"按钮用于将整圆打断成多段圆弧，与封闭全圆是相反的。单击"打断全圆"按钮，选取圆后单击"结束选择"按钮，再在"全圆打断的圆数量"数值框中输入数量为 3，按下回车键即可将圆打断成 3 段，如图 2-30 所示。

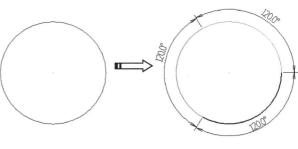

图 2-30　打断全圆

上机实战——绘制八角星

采用正多边形命令绘制如图 2-31 所示的图形。

 操作步骤

01 绘制正 8 边形。在"形状"选项卡中单击"多边形"按钮⬠，弹出"多边形"选项面板。设置"边数"值为 8，内接圆的"半径"值为 50，然后在绘图区中工作坐标系的原点位置放置 8 边形，如图 2-32 所示。

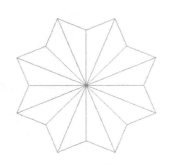

图 2-31　八角星

图 2-32　绘制 8 边形

02 绘制连续线。在"绘线"选项卡中单击"连续线"按钮✏，在弹出的"连续线"选项面板中选择"连续线"方式，再选取 8 边形顶点（每隔一个顶点进行选择）绘制连线，结果如图 2-33 所示。

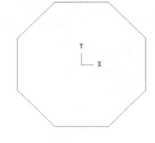

03 继续选取 8 边形的顶点绘制连线，如图 2-34 所示。然后再选取先前连线的交点进行连线，如图 2-35 所示。

图 2-33　绘制连续线

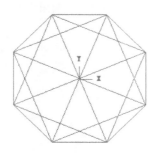

图 2-34　绘制顶点连线

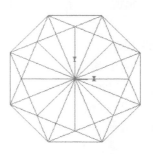

图 2-35　绘制交点的连线

04 在"修剪打断延伸"选项面板中单击"修剪打断延伸"按钮✂，弹出"修剪打断延伸"选项面板，在选项面板中选择"分割/删除"选项，然后选取要修剪的线，修剪结果如图2-36所示。

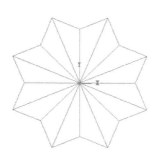

图 2-36　修剪结果

2.2　实体造型

实体是指三维封闭几何体，具有质量、体积、厚度等特性，占有一定的空间，由多个面组成。实体建模工具在图2-37所示的"实体"选项卡中。

图 2-37　"实体"选项卡

2.2.1　基本实体

基本实体包括圆柱体、圆锥体、立方体、球体、圆环体五种基本类型，如图2-38所示。

图 2-38　基本实体

1. 圆柱体

圆柱体是矩形绕其一条边旋转一周形成的。单击"圆柱体"按钮🛢，弹出"基本圆柱体"选项面板。设置"半径"和"高度"值后，其余选项保持默认设置，单击"确定"按钮✅，完成圆柱体的创建，如图2-39所示。

2. 圆锥体

圆锥体是一条母线绕其轴线旋转而形成的，圆锥体底面为圆，顶面为尖点，单击"圆锥体"按钮▲，弹出"基本锥体"选项面板。设置"底部半径""高度"及顶部"半径"值后，单击"确定"按钮✓，完成圆锥体的创建，如图2-40所示。

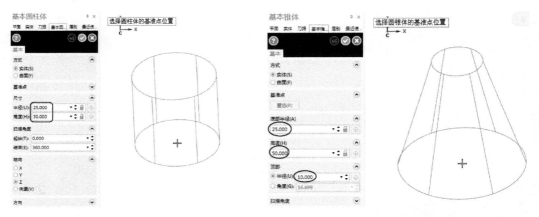

图2-39 创建圆柱体　　　　　　　　图2-40 创建圆锥

3. 立方体

立方体的六个面都是正方形，单击"立方体"按钮，弹出"基本立方体"选项面板，设置原点位置和立方体尺寸后，在图形区中放置立方体，如图2-41所示。

4. 球体

球体是半圆弧沿其直径边旋转生成的。单击"圆球"按钮●，弹出"基本球体"选项面板。设置球体"半径"值，在图形区中放置球体，如图2-42所示。

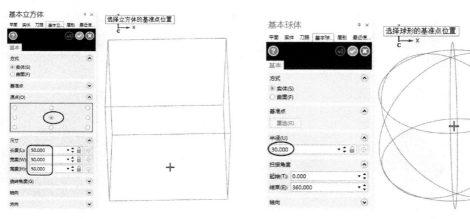

图2-41 创建立方体　　　　　　　　图2-42 创建球体

5. 圆环体

圆环体是指一截面圆沿一轴心圆进行扫描产生的圆环实体。单击"圆环体"按钮，弹出"基本圆环体"选项面板。设置圆环体的"大径"和"小径"后，在图形区中放置定义的圆环体，如图2-43所示。

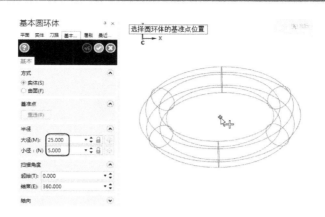

图 2-43　创建圆环体

2.2.2　扫掠实体

常见的扫掠型实体特征包括拉伸、旋转、扫描和举升（放样）。

1. 拉伸实体

"拉伸"特征命令可以采用二维绘制的草图截面沿指定的矢量方向拉伸一定的高度，得到拉伸实体特征。"拉伸"特征命令可以创建出加材料的拉伸实体，也可以创建出减材料的实体特征。

单击"拉伸"按钮，弹出"串连选项"对话框，选取拉伸的截面曲线后，弹出"实体拉伸"选项面板，如图 2-44 所示。

可以创建三种拉伸类型：创建主体、切割主体和增加凸台。如果创建的是第一次实体特征，仅可选"创建主体"。如果图形区中已经存在实体特征，则可以选择"切割主体"类型来创建减材料的拉伸特征，也可以选择"增加凸台"类型来创建子特征。图 2-45 所示为"增加凸台"类型和"切割主体"类型的结果。

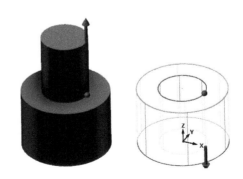

<table>
<tr><td>图 2-44　实体拉伸</td><td>图 2-45　增加凸台与切割主体</td></tr>
</table>

2. 旋转实体

旋转实体命令能将选取的旋转截面绕指定的旋转中心轴旋转一定的角度产生旋转实体或

薄壁件。单击"旋转"按钮 🔩 ，选取旋转截面曲线和旋转轴后，弹出"旋转实体"选项面板，单击"确定"按钮 🔵 ，完成旋转实体的创建，如图 2-46 所示。

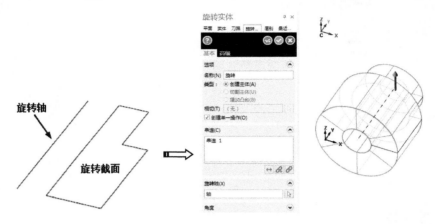

图 2-46　创建旋转实体

在"旋转实体"选项面板的"高级"标签中，若勾选"壁厚"复选框，可以创建薄壁特征，如图 2-47 所示。

3. 扫描实体

扫描实体是采用截面沿指定的轨迹进行扫描的形式形成实体。截面曲线所在平面与引导曲线所在平面必须是法向垂直的。在图形区中选取截面曲线并引导曲线后，弹出"扫描"选项面板，如图 2-48 所示。

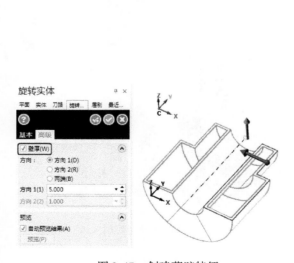

图 2-47　创建薄壁特征

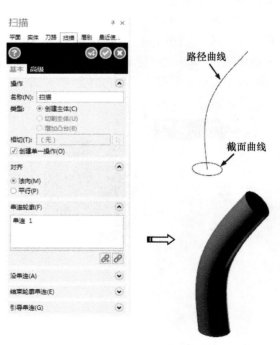

图 2-48　创建扫描实体

4. 举升实体

"举升"按钮能将选取的多个平行的截面曲线生成平滑过渡实体。举升实体对于截面曲线有要求，比如有 3 个平行截面曲线，2 个为矩形 1 个为圆形，矩形由 4 段直线构成，为了便于形成过渡，圆形也必须打断为 4 部分，与矩形的段数要完全相等才能创建举升实体，如图 2-49 所示。

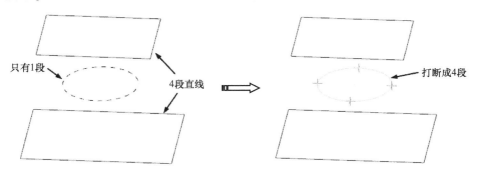

图 2-49　举升实体的曲线要求

另外，举升实体对于平行截面曲线的串连方向也是有要求的，3 个截面的串连方向必须一致，否则不能创建出举升实体。图 2-50 中，左图的串连方向是错误的，右图的串连方向是正确的。

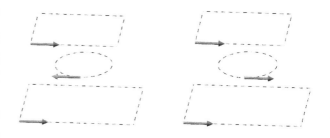

图 2-50　串连方向的问题

单击"举升"按钮，选取平行的举升截面曲线，弹出"举升"选项面板，如图 2-51 所示。

勾选"创建直纹实体"复选框，可以创建直纹实体，如图 2-52 所示。

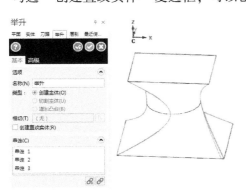

图 2-51　"举升"选项面板

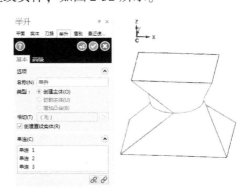

图 2-52　创建直纹实体

2.2.3　布尔运算

实体布尔运算包括布尔结合、布尔切割和布尔交集。选择要进行布尔运算的两个相交实体，会弹出"布尔运算"选项面板，如图 2-53 所示。

图 2-53 "布尔运算"选项面板

"布尔运算"选项面板中包含以下 3 种布尔运算类型。

● "结合"类型：布尔结合类型可以将两个以上的实体结合成一个整体的实体，如图 2-54 所示。

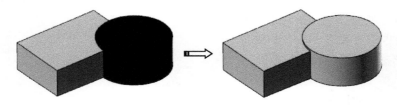

图 2-54 布尔结合

● "切割"类型：布尔切割类型可以采用工具实体对目标体进行切割，目标体只能有一个，工具体可以选取多个，如图 2-55 所示。

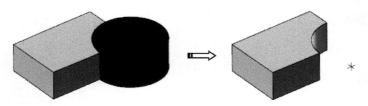

图 2-55 布尔切割

● "交集"类型：布尔交集类型可以将目标实体和工具实体进行求交操作，生成的新物体为两物体相交的公共部分，如图 2-56 所示。

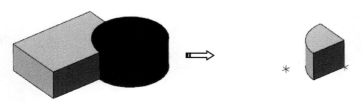

图 2-56 布尔交集

2.2.4 实体修改

在绘制某些复杂的图形时，光有实体操作和布尔运算还不够，还需要实体倒圆角和倒角，以及实体抽壳、薄壁加厚、实体拔模等功能进行辅助编辑，才能达到理想的效果。

1. 固定圆角半径

在"修改"面板中单击"固定半倒圆角"按钮 ，选取要圆角的实体边后会弹出"固定圆角半径"选项面板，设置圆角"半径"后单击"确定"按钮 ，即可完成圆角的创建，如图2-57所示。

2. 面与面倒圆角

面与面倒圆角是对选取的面和面之间进行倒圆角，也可以倒椭圆角。单击"面与面倒圆角"按钮 ，选取要倒圆角的两个相邻实体面后，弹出"面与面倒圆角"选项面板，设置圆角"半径"，单击"确定"按钮 ，完成倒圆角操作，如图2-58所示。

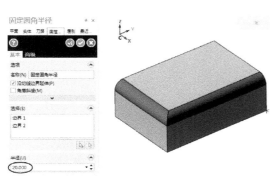

图2-57 固定倒圆角

图2-58 面与面倒圆角

3. 倒角

对于某些零件，特别是五金零件，尖角部分若采用圆角过渡，用普通机床加工不方便，所以一般采用倒角方式来处理。

倒角类型有单一距离倒角、不同距离倒角和距离加角度倒角三种。单击"单一距离倒角"按钮 ，选取某条边后弹出"单一距离倒角"选项面板。设置倒角"距离"值后，单击"确定"按钮 ，完成倒角操作，如图2-59所示。

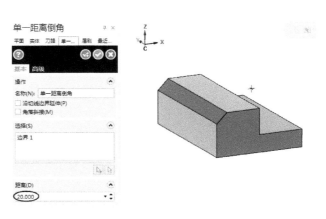

图2-59 单一距离倒角

4. 实体抽壳

在塑料产品中，通常需要将产品抽成均匀薄壁，以利于产品均匀收缩。单击"抽壳"按钮 ，选取要抽壳的实体面后，弹出"抽壳"选项面板，设置"抽壳厚度"后单击"确定"按钮 ，完成抽壳操作，如图2-60所示。

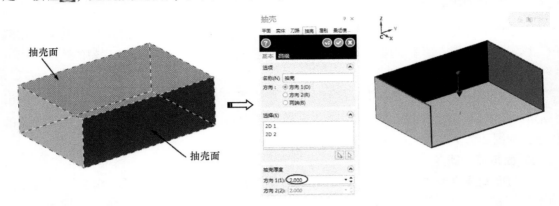

图2-60　抽壳

5. 加厚

薄壁加厚命令可以对开放的薄片实体进行加厚处理，形成封闭实体。单击"加厚"按钮 ，选取要加厚的薄片后弹出"加厚"选项面板。在选项面板中设置加厚厚度值，单击"确定"按钮 ，完成加厚，如图2-61所示。

图2-61　加厚片体

技术点拨	不能直接使用"加厚"按钮来创建曲面加厚特征，需要先使用"由曲面生成实体"工具将曲面转换成片体，然后加厚成实体。

　上机实战——创建排球模型　

采用实体命令创建排球模型，如图2-62所示。

操作步骤

01 单击"球体"按钮 ，弹出"基本球体"选项面板，在选项面板中设置球体类型为"实体"，设置"半径"值为50，"扫描角度"值为起始45、结束135，以Y轴作为对称轴，选取原点为定位点，单击"确定"按钮 ，完成球体的创建，如图2-63所示。

图 2-62　排球

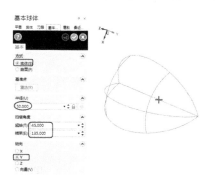

图 2-63　创建球体

02　在"转换"选项卡中单击"旋转"按钮，选取刚绘制的四分之一球，弹出"旋转"选项面板。在选项面板中设置方式为"复制"，在"阵列"卷展栏中设置"数量"为1，"角度"为90，单击"确定"按钮，完成旋转复制，如图 2-64 所示。

03　单击"布尔"按钮，选取两个半球体分别作为目标体和工具体，在弹出的"布尔运算"选项面板中选择"交集"类型，再单击"确定"按钮，产生交集结果，如图 2-65 所示。

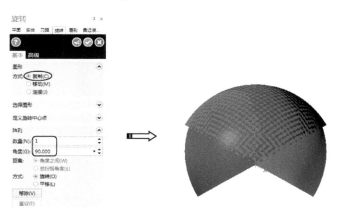

图 2-64　旋转复制球体

图 2-65　交集结果

04　在"平面"选项面板的工作平面列表中单击"前视图"视图平面，将前视图作为当前工作平面。

05　在"草图"选项卡中单击"连续线"按钮，选取原点为第一点，输入"角度"为75度，"长度"为70，单击"确定"按钮，完成第一条直线的绘制。继续绘制第二条直线，再次选取原点作为第一点，输入"角度"为105度，"长度"为70，单击"确定"按钮，完成第二条直线的绘制，如图 2-66 所示。

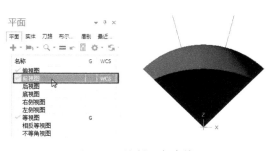

图 2-66　绘制两条直线

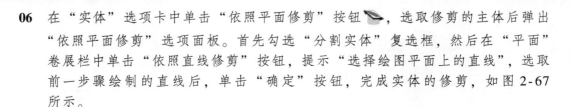

06 在"实体"选项卡中单击"依照平面修剪"按钮 ，选取修剪的主体后弹出"依照平面修剪"选项面板。首先勾选"分割实体"复选框，然后在"平面"卷展栏中单击"依照直线修剪"按钮，提示"选择绘图平面上的直线"，选取前一步骤绘制的直线后，单击"确定"按钮，完成实体的修剪，如图 2-67 所示。

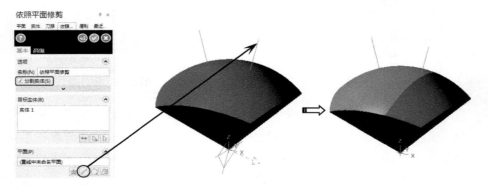

图 2-67　修剪实体

07 同理，选择另一条直线来修剪实体，结果如图 2-68 所示。

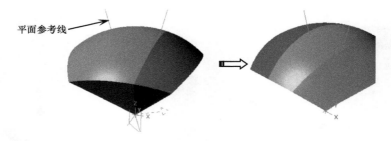

平面参考线

图 2-68　修剪结果

08 更改图层。选取所有曲线，在"主页"选项卡"规划"面板中单击"更改层别"按钮 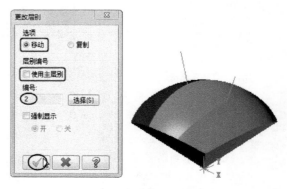，弹出"更改层别"对话框。选择"移动"单选按钮，取消勾选"使用主层别"复选框，并选取要移动到第 2 层，单击"确定"按钮，即可将选取的线移到第 2 层，如图 2-69 所示。

09 打开和关闭图层。在"层别"选项面板中，选择第 1 层设为主层，然后选择"显示"下拉列表中的"仅显示活动层别"选项，即将所有第 2 层的曲线全部隐藏，如图 2-70 所示。

图 2-69　移动曲线到第 2 层

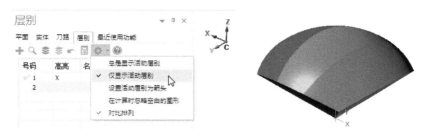

图 2-70 隐藏直线

10 抽壳。选中分割实体后的其中一个实体，在"实体"选项卡中单击"抽壳"按钮 ，选中除球面外的其他所有面，在弹出的"抽壳"对话框中输入抽壳"厚度"为 5mm，单击"确定"按钮，完成抽壳，如图 2-71 所示。同理，将其余两个实体也进行抽壳。

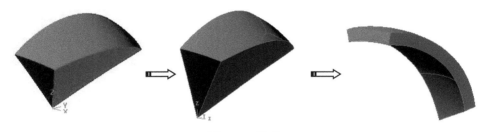

图 2-71 抽壳

11 倒圆角。单击"固定半倒圆角"按钮 ，选取所有实体，倒圆角半径为 1mm，结果如图 2-72 所示。

12 在"视图"选项卡中单击"右视图"按钮 右视图，切换到右视图方向。在"转换"选项卡中单击"旋转"按钮 ，选取所有实体后，在"旋转"选项面板中设置旋转方式为"复制"，阵列的"数量"为 4，总旋转"角度"为 360 度，单击"确定"按钮 ，完成旋转复制，如图 2-73 所示。

图 2-72 倒圆角

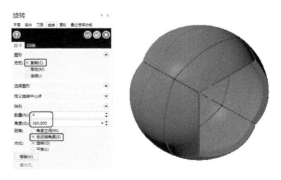

图 2-73 旋转复制

13 单击 前视图 按钮，切换到前视图方向。单击"转换"选项卡中的"旋转"按钮 ，选取上下两半实体进行旋转复制，阵列"数量"为 1，旋转"角度"为 90，旋转复制结果如图2-74所示。

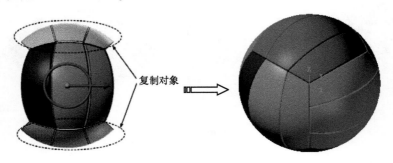

图2-74 旋转复制

14 至此完成了排球造型设计。

2.3 曲面造型

曲面造型是 Mastercam 2018 的造型中很重要的部分，一般的形状可以采用实体造型进行解决，但是对于比较复杂的造型，实体往往不能满足要求，这时就需要通过构建曲线，再通过曲线构面，由面再组合成体，才能达到需要的效果。

2.3.1 基本三维曲面

基本曲面包括圆柱体、圆锥体、立方体、球体、圆环体五种基本类型，如图2-75所示。

图2-75 基本曲面

基本曲面的绘制与基本实体的绘制原理是相同的，只是在打开的选项面板中设置特征方式为"实体"，生成基本实体特征，若设置为"曲面"，则生成基本曲面特征。

2.3.2 高级曲面命令

高级曲面命令在"曲面"选项卡的"创建"面板中，如图2-76所示。

图2-76 高级曲面命令

在这些曲面命令中，"拉伸""扫描""旋转""举升""拔模"等命令执行方式及操作过程与前面的扫掠型实体命令是完全相同的，鉴于篇幅限制，不再赘述。下面仅介绍"由实体生成曲面""边界平面""围篱曲面""网格""补正"等功能命令。

1. 由实体生成曲面

"由实体生成曲面"按钮可以将任何实体的表面转换成 NURBS 曲面，此功能等同于复制实体表面产生曲面。

2. 网格曲面

网格曲面采用一系列的横向和纵向的网格线组成线架产生网格曲面，网格曲面是在以前版本中昆氏曲面基础上改进而来的，非常方便简单，在 3D 空间上允许曲线不相交，各个曲线端点可以不重合，而且在操作方法上网格曲面非常人性化，可以直接框选线架做出曲面，如图 2-77 所示，而无须采用昆氏曲面的方式输入每个方向的数目和选取的限制，因此，对于新入门的用户，此功能是易学的曲面方式。单击"曲面"选项卡的"创建"面板中"网格"按钮，即可调用该命令。

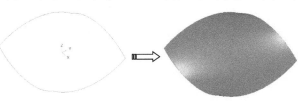

图 2-77　由线架生成网格曲面

> **技术点拨**　　网格曲面是在以前版本的昆氏曲面基础上改进而来的，采用边界矩阵计算出空间曲面，操作方式灵活，曲面的边界线可以相互不连接、不相交。

3. 围篱曲面

围篱曲面采用某曲面上的线直接生成垂直于基础曲面或偏移一定角度的曲面。单击"围篱"按钮，弹出"围篱曲面"选项面板。要创建围篱曲面，必须准备一个曲面和一条曲面上的曲线，如图 2-78 所示。

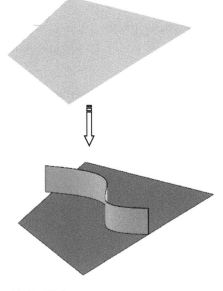

图 2-78　创建围篱曲面

围篱曲面有三种熔接方式，第一种为"固定"围篱曲面，即生成起始端和终止端的高度都是常数，如图 2-79 所示。第二种是"线性锥度"围篱曲面，即曲面的高度变化采用线性变化来控制，如图 2-80 所示。第三种是"立体混合"围篱曲面，即曲面高度变化采用三次方曲线的方式来控制，如图 2-81 所示。

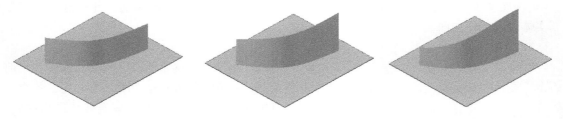

图 2-79 "固定"熔接方式　　　图 2-80 "线性锥度"熔接方式　　图 2-81 "立体混合"熔接方式

4. 边界曲面

边界曲面命令用于绘制平面形的曲面，要求所选取的截面必须是二维的，可以不封闭，会提示用户是否进行封闭处理，如图 2-82 所示。

图 2-82 边界曲面

5. 曲面补正

曲面补正是将选取的曲面沿曲面法向方向偏移一定的距离产生新的曲面，当偏移方向指向曲面凹侧时，偏移距离要小于曲面的最小曲率半径，创建的偏移曲面如图 2-83 所示。

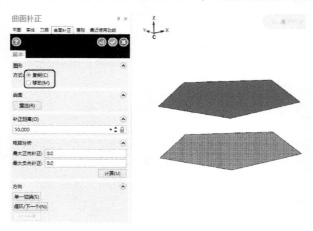

图 2-83 创建偏移曲面

2.3.3 曲面编辑

通过曲线铺设曲面后，往往并不能满足造型的需要，因此，常常需要通过一定的编辑，才能达到目的。曲面的编辑有多种方式，包括曲面倒圆角、修剪、延伸、熔接等操作。

1. 曲面倒圆角

曲面倒圆角有三种形式，曲面与曲面倒圆角、曲线与曲面倒圆角、曲面与平面倒圆角，如图 2-84 所示。

曲面与曲面倒圆角　　　　曲线与曲面倒圆角　　　　曲面与平面倒圆角

图 2-84　曲面倒圆角的 3 种形式

2. 曲面延伸

曲面延伸是将选取的曲面沿曲面边界延伸指定的距离，如图 2-85 所示，或者延伸到指定的平面，如图 2-86 所示。

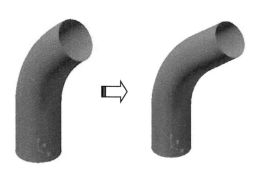

图 2-85　延伸指定距离　　　　　　　　　图 2-86　延伸到指定平面

3. 曲面修剪

曲面修剪是利用曲面、曲线或平面来修剪另一个曲面，曲面修剪有三种形式：修剪到曲线、修剪到曲面和修剪到平面。

修剪到曲线的范例如图 2-87 所示。

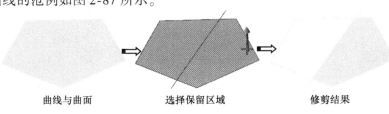

曲线与曲面　　　　　　选择保留区域　　　　　　修剪结果

图 2-87　修剪到曲线

修剪到曲面的范例如图 2-88 所示。

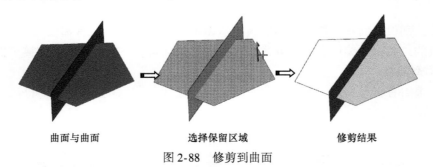

曲面与曲面　　　　　　选择保留区域　　　　　　修剪结果

图 2-88　修剪到曲面

修剪到平面的范例如图 2-89 所示。

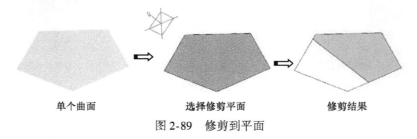

单个曲面　　　　　　选择修剪平面　　　　　　修剪结果

图 2-89　修剪到平面

4. 填补内孔

"填补内孔"按钮可对曲面内部的破孔进行填补，与恢复曲面内边界操作很类似，不过填补内孔之后的曲面跟原始曲面是两个曲面，而恢复操作是一个曲面。单击"填补内孔"按钮　，选取要填补内孔的曲面后，移动箭头到要选取的内边界，即可将内部破孔填补，如图 2-90 所示。

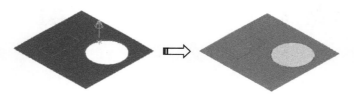

图 2-90　填补内孔

5. 分割曲面

分割曲面命令专门用于对曲面进行分割操作。单击"分割曲面"按钮　，提示选取曲面，将光标移动到要分割的位置，单击左键即可完成曲面的分割，如图 2-91 所示。

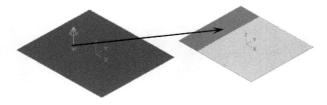

图 2-91　分割曲面

6. 两曲面熔接

两曲面熔接命令可以将两曲面光顺地熔接在一起，形成光顺的过渡。单击"两曲面熔接"按钮，选取要熔接的两曲面后再单击左键，弹出"两曲面熔接"选项面板，单击选项面板中的"确定"按钮，完成熔接操作，熔接的曲面如图 2-92 所示。

7. 三曲面熔接

三曲面熔接命令可以将三曲面光顺地熔接在一起，形成光顺的过渡。单击"三曲面熔接"按钮，选取三曲面并单击左键，弹出"三曲面熔接"选项面板，单击"确定"按钮，完成熔接，熔接的曲面如图 2-93 所示。

图 2-92　两曲面熔接

图 2-93　三曲面熔接

上机实战——果盘造型

本例将详细讲解果盘的绘制步骤，果盘模型如图 2-94 所示。

操作步骤

01 绘制第一个六边形。在"草图"选项卡中单击"多边形"按钮，在弹出的"多边形"选项面板中设置多边形参数，然后在上选择条中单击"输入坐标点"按钮，输入圆心坐标为（0,0,－10），按下 Enter 键后自动放置多边形，单击"'确定'并创建新操作"按钮，完成绘制，如图 2-95 所示。

图 2-94　果盘造型

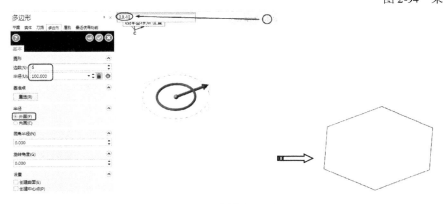

图 2-95　绘制多边形 1

02 绘制第二个六边形。在"多边形"选项面板没有关闭的情况下，修改旋转角度值为 30，单击"输入坐标点"按钮 ，设置圆心的坐标为（0，0，10），放置多边形后关闭选项面板，绘制完成的结果如图 2-96 所示。

03 绘制曲线。单击"手动绘制曲线"按钮 ，依次连接各点生成环形波浪线，结果如图 2-97 所示。

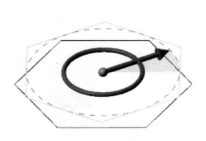

图 2-96　绘制多边形 2

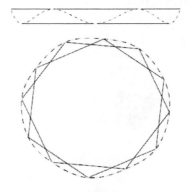

图 2-97　手动绘制曲线

04 删除绘制的多边形，仅保留手动绘制的曲线，如图 2-98 所示。

05 绘制圆。在"草图"选项卡中单击"已知点画圆"按钮 ，在弹出的"已知点画圆"选项面板中输入圆半径的值为 50，在上选择条中单击"输入坐标点"按钮 ，输入圆心点坐标为（0，0，-40），按下 Enter 键完成圆的绘制，结果如图 2-99 所示。

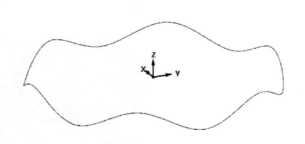

图 2-98　删除多边形

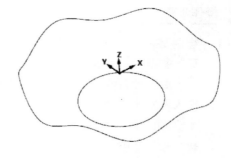

图 2-99　绘制圆

06 绘制直线。单击"连续线"按钮 ，连接刚绘制的圆的起点和中点，如图 2-100 所示。

07 绘制切弧。单击"切弧"按钮 ，在"切弧"选项面板中选择"动态切弧"方式，绘制 2 条切弧，如图 2-101 所示。

> **技术点拨**　　在捕捉环形波浪线上的点时，需先在上选择条中单击"抓点设置"按钮 ，在弹出的"自动抓点设置"对话框中将所有复选框取消勾选，这样就能轻松地捕捉到波浪线上的点了。

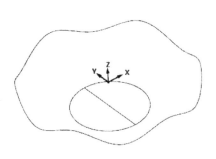

图 2-100 绘制直线

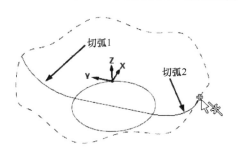

图 2-101 绘制切弧

08 选中直线并按下 Delete 键删除，如图 2-102 所示。

09 绘制网格曲面。在"曲面"选项卡中单击"网格"按钮，在"串连选项"对话框中单击"窗选"按钮，然后框选所有曲线，任意选取曲线上的点作为草图起始点后，自动创建出图 2-103 所示的网格曲面。

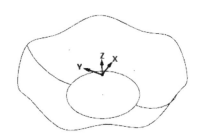

图 2-102 删除直线

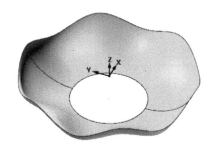

图 2-103 绘制网格曲面

10 绘制边界平面。单击"边界平面"按钮，选取底面圆作为边界，创建如图 2-104 所示的边界平面。

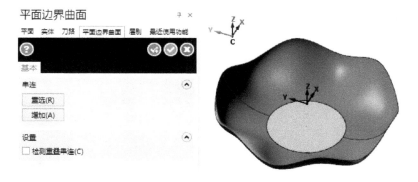

图 2-104 创建边界平面

11 在"实体"选项卡中单击"由曲面生成实体"按钮，将曲面转换成实体片体形式。单击"加厚"按钮，在"加厚"选项面板中设置加厚厚度及加厚方向，单击"确定"按钮，完成果盘的造型设计，如图 2-105 所示。

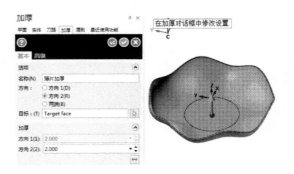

图 2-105　创建加厚实体

2.4　实战案例——电蚊香加热器外壳造型

本例通过电蚊香加热器外壳的绘制来展示实体建模的一般步骤和方法，电蚊香加热器外壳如图 2-106 所示。

01　绘制矩形。在"草图"选项卡中单击"矩形"按钮□，以中心点定位，矩形尺寸为 50mm×40mm ，结果如图 2-107 所示。

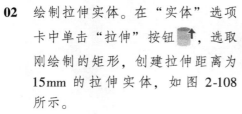

图 2-106　电蚊香加热器外壳

图 2-107　绘制矩形

02　绘制拉伸实体。在"实体"选项卡中单击"拉伸"按钮⬆，选取刚绘制的矩形，创建拉伸距离为 15mm 的拉伸实体，如图 2-108 所示。

03　倒圆角。单击"固定半倒圆角"按钮⬛，选取实体的 4 条竖直棱边作为要倒圆角的边，在"固定圆角半径"选项面板中设置圆角半径为 5，创建如图 2-109 所示的圆角。

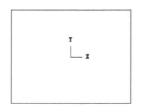

图 2-108　创建拉伸实体

04 继续选取上部平面的 4 条边来倒圆角，圆角半径为 2mm，倒圆角的结果如图 2-110 所示。

图 2-109　倒 R5 的圆角　　　　　　　　　　图 2-110　倒 R2 的圆角

05 绘制梯形。单击"直线"按钮，绘制过原点的直线，角度为 28°，再绘制两条竖直线，竖直的宽度为 15mm 和 35mm，通过修剪，结果如图 2-111 所示。

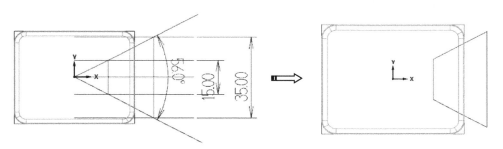

图 2-111　绘制梯形

06 镜像平移梯形。在"转换"选项卡中单击"镜像"按钮，将刚绘制的梯形镜像到左边，如图 2-112 所示。

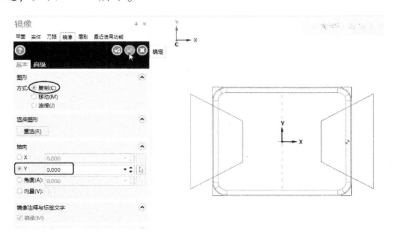

图 2-112　镜像梯形

07 单击"3D 平移"按钮 3D 平移，将两个梯形一起向 Z 轴正方向平移 10mm，如图 2-113 所示。

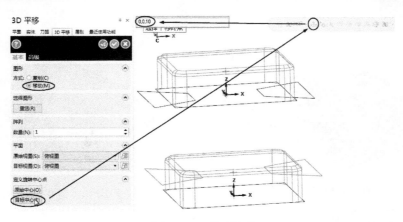

图 2-113　平移图形

08 拉伸切割实体。在"实体"选项卡中单击"拉伸"按钮🔲↑，选取刚才绘制的所有的梯形，在弹出的"实体拉伸"选项面板中设置参数，创建出如图 2-114 所示的拉伸切割实体。

图 2-114　创建拉伸切割实体

09 抽壳。单击"抽壳"按钮📦，选取要移除的实体面，输入抽壳厚度为 0.5mm，抽壳结果如图 2-115 所示。

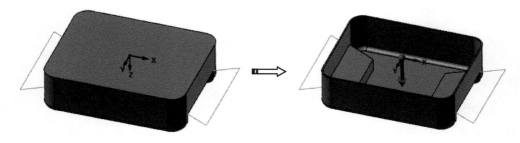

图 2-115　抽壳

10 绘制矩形。单击"矩形"按钮□，弹出"矩形"选项面板，在选项面板中设置矩形长度为2，宽度为15，勾选"矩形中心点"复选框，在上选择条中单击"输入点坐标"按钮，输入中心点坐标（−13,17.5,5），按下 Enter 键后放置矩形，如图 2-116 所示。

11 平移矩形。选中刚绘制的矩形，在"转换"选项卡中单击"平移"按钮，向 X 轴正方向平移 3.2mm（在"直角坐标"卷展栏中输入 X 的值为 3.2），总共复制 8 个，结果如图 2-117 所示。

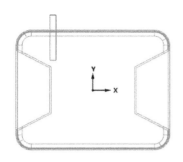

图 2-116 绘制矩形

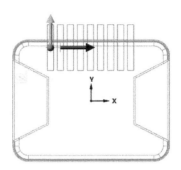

图 2-117 平移复制矩形

12 镜像矩形。将刚才平移的矩形全部选中，在"转换"选项卡中单击"镜像"按钮，以 X 轴作为镜像轴，镜像结果如图 2-118 所示。

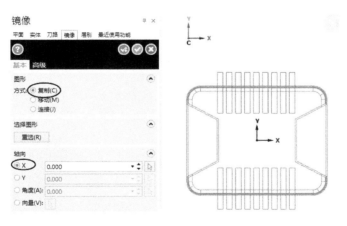

图 2-118 镜像矩形

13 拉伸切割实体。单击"拉伸"按钮，选取刚才绘制的所有的矩形，在弹出的"实体拉伸"选项面板中设置参数，结果如图 2-119 所示。

14 绘制燕尾槽草图图形。单击"连续线"按钮，绘制过原点的角度为80°的直线，然后绘制补正距离为 8mm 的水平平行线。通过修剪，绘制宽为 1mm 的燕尾槽，结果如图 2-120 所示。

15 平移复制燕尾槽。选中刚绘制的燕尾槽，单击"平移"按钮，向 X 轴方向平移 2mm，双向复制 6 个，结果如图 2-121 所示。

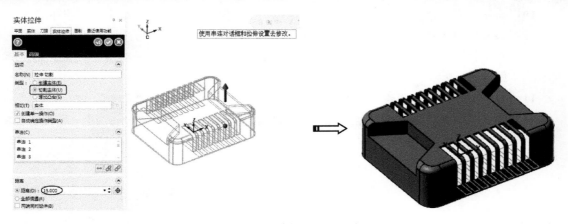

图 2-119　创建拉伸切割实体

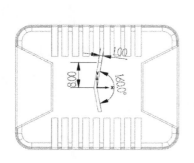

图 2-120　绘制燕尾槽草图

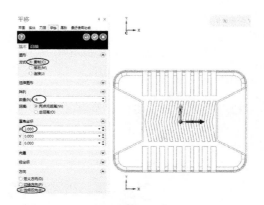

图 2-121　平移复制

16 拉伸切割实体。单击"拉伸"按钮，选取平移复制的燕尾槽，创建拉伸切割实体，结果如图 2-122 所示。

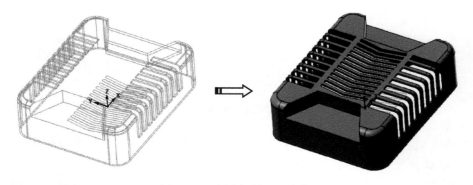

图 2-122　创建拉伸切割实体

17 抽壳。单击"抽壳"按钮，选取要移除的实体面（两侧内外面都要选择），在弹出的"抽壳"选项面板中输入抽壳厚度为 0.25mm，抽壳结果如图 2-123 所示。

18 至此完成了电蚊香加热器外壳的造型设计。

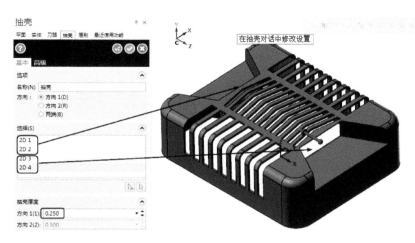

图 2-123　抽壳

2.5　课后习题

（1）按图 2-124 所示的图形绘制扫描曲面。

（2）利用曲面命令创建如图 2-125 所示的吹风机曲面。再用曲面编辑命令对吹风机曲面内的孔进行填补，结果如图 2-126 所示。

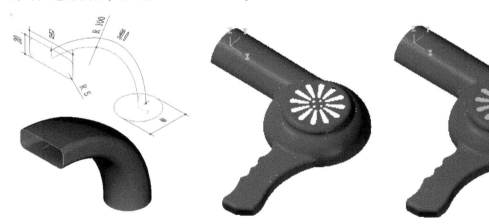

图 2-124　扫描曲面　　　　　　图 2-125　吹风机造型　　　　　　图 2-126　填补内孔

第3章

必备模具设计技能

本章主要讲解拆模设计的基础理论知识以及采用 Mastercam 2018 进行拆模设计的具体操作过程。

案例展现
ANLIZHANXIAN

案　例　图	描　　述
	模具设计的主要工作即是分模，具体的就是模架中的模仁部分。需要注意的是，在Mastercam中，始终规定世界坐标系（也就是绘图区左下角的坐标系）的Z轴正方向为模具开模方向

3.1 分模基础——分型面

为保证分型面设计成功，所设计的分型面能对工件进行分割，在设计分型面时必须满足以下两个基本条件。

● 分型面必须与欲分割的工件或模具零件完全相交以期形成分割。
● 分型面不能自身相交，否则分型面将无法生成。

3.1.1 分型面的形式

分型面有多种形式，常见的有水平分型面、阶梯分型面、斜分型面、辅助分型面和异型分型面，如图3-1所示。分型面一般为平面，但有时为了脱模方便也要使用曲面或阶梯面，这样虽然分型面加工复杂，但型腔的加工会较容易。

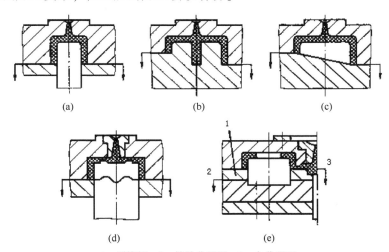

1—脱模板　2—辅助分型面　3—主分型面
（a）水平分型面　（b）阶梯分型面　（c）斜分型面　（d）异形分型面　（e）成形芯的辅助分型面
图3-1　模具分型面的形式

在图样上表示分型面的方法是在图形外部、分型面的延长面上画出一小段直线表示分型面的位置，并用箭头指示开模或模板的移动方向。

分型面按位置可分为水平分型面和垂直分型面，如图3-2所示。垂直分型面主要用于侧面有凹、凸形状的塑件，如线圈骨架等。

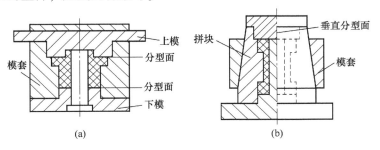

图3-2　分型面的位置

3.1.2 分型面的表示方法

在模具装配图中应用短、粗实线标出分型面的位置，如图3-3所示，箭头表示模具运动方向。对于有两个以上分型面的模具，可按照分型面打开的前后顺序用编号Ⅰ、Ⅱ、Ⅲ…，或A、B、C…表示。

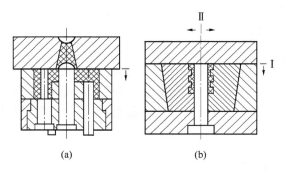

图3-3　分型面的表示方法

3.1.3 分型面的组成

模具分型面包括产品区域面、破孔补面和延展曲面，如图3-4所示。

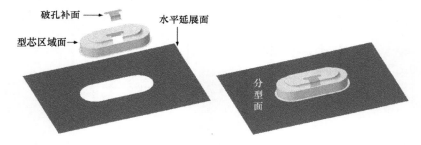

图3-4　模具分型面

● **产品区域面**：产品区域面是从产品的外表面或者内部面进行拷贝而获得的，包括型腔区域面（外表面）和型芯区域面（内部面）。

● **破孔补面**：塑胶产品中通常会存在一些破孔，这是由产品的功能性决定的。修补破孔需要使用曲面创建工具。

● **延展曲面**（也称为"裙边曲面"）：根据产品的形状，可以创建水平延展曲面和曲面延伸。延展曲面用来切割产品以外的工件。

3.1.4 分型面的选择原则

制品在模具中的位置直接影响到模具结构的复杂程度、模具分型面的确定、浇口的位置、制品的尺寸精度等，所以我们在进行模具设计时，首先要考虑制品在模具中的摆放位置，以便简化模具结构，得到合格的制品。

模具的分型好坏，对于塑件质量和加工工艺性的影响是非常大的，我们在选择分型面时，一般要综合考虑下列原则，以便确定出正确合理的分型面：便于塑件脱出、模具结构简单、型腔排气顺利、保证塑件质量、不损坏塑件外观、设备利用合理。

1. 应保证塑件脱模方便

塑件脱模方便，不但要求选取的分型面位置不会使塑件卡在型腔里无法取出，也要求塑件在分模时制品留在动模板一侧，以便于设计脱模机构。因此，一般将主型芯装在动模一侧，使塑件收缩后包紧在主型芯上，这样型腔可以设置在定模一侧。如果塑件上有带孔的镶件，或塑件上没有孔存在，那么我们就可以利用塑件的复杂外形对型腔的黏附力，把型腔设计在动模里，使开模后塑件留在动模一侧，如图3-5所示，图（a）中有型芯，图（b）中没有。

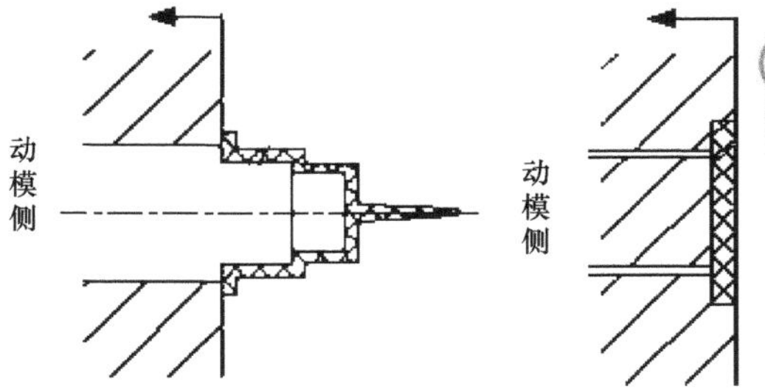

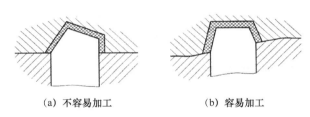

(a) 有型芯　　(b) 没有型芯

图3-5　尽可能使制件留在动模侧

2. 应使模具的结构尽量简单

图3-6所示的塑件形状比较特殊，如果按照图（a）的方案，将分型面设计成平面，型腔底部就不容易加工了。而按照图（b）所示把分型面设计成斜面，使型腔底部成为水平面，就会便于加工。对于需要抽芯的模具，要把抽芯机构设计在动模部分，以简化模具结构。

(a) 不容易加工　　(b) 容易加工

图3-6　尽量使模具结构简单

3. 应有利于排气

模具内气体的排除主要是靠设计在分型面上的排气槽，所以分型面应当选择在熔体流动的末端。如图3-7所示，图（a）的方案中，分型面距离浇口太近，容易造成排气不畅；图（b）的方案则可以保证排气顺畅。

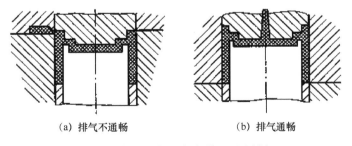

(a) 排气不通畅　　(b) 排气通畅

图3-7　分型面位置应有利于型腔排气

4. 应保证制件尺寸精度

为保证齿轮的齿廓与孔的同轴度，要将齿轮型芯与型腔都设在动模同侧。若分开设置，因导向机构的误差，无法保证齿廓与孔的同轴度，如图3-8所示，图（a）能保证制件质量，图（b）则不能。

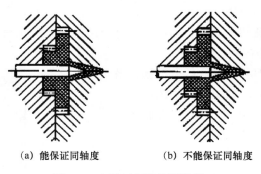

(a) 能保证同轴度　　　　　　(b) 不能保证同轴度

图3-8　应保证制件的同轴度

又比如图3-9所示的塑件，其尺寸L有较严格的要求，如果按照图（a）的方案设计分型面，成形后毛边会影响到尺寸L的精度。若改为图（b）的方案，毛边仅影响到塑件的总高度，但不会影响到尺寸L。

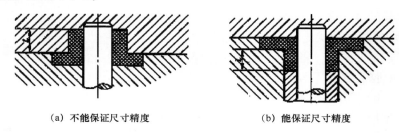

(a) 不能保证尺寸精度　　　　　　(b) 能保证尺寸精度

图3-9　应保证制件尺寸精度

5. 应保证制品外观质量

动、定模相配合的分型面上稍有间隙，熔体便会在制品上产生飞边，影响制品外观质量。因此，在光滑平整的平面或圆弧曲面上，避免创建分型面，如图3-10所示，图（a）为正确做法，图（b）为错误做法。

6. 长型芯应置于开模方向

一般注射模的侧向抽芯都是利用模具打开时的运动来实现的。通过模具抽芯机构进行抽芯时，在有限的开模行程内，完成抽芯的距离是有限的。所以，对于互相垂直的两个方向都有孔或凹槽的塑件，应避免长距离的抽芯，如图3-11所示，图（a）方案不好，而图（b）方案较好。

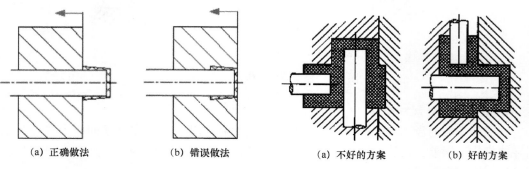

(a) 正确做法　　　　(b) 错误做法　　　　　(a) 不好的方案　　　　(b) 好的方案

图3-10　应保证制品外观质量　　　　　图3-11　分型面应避免长距离抽芯

3.2 分模基础——成型零部件

成型零部件结构设计应在保证塑件质量要求的前提下，综合考虑加工、装配、使用、维修等需要。

3.2.1 型腔

型腔是成型塑件外表面的工作零件，按其结构可分为整体式和组合式两类。

1. 整体式

这类型腔由一整块金属材料加工而成，如图3-12（a）所示，其特点是结构简单，强度、刚度好，不易变形，塑件无拼缝痕迹，适用于形状简单的中、小型塑件。

2. 组合式

当塑件外形较复杂时，常采用组合式型腔以改善加工工艺性，减少热处理变形，节省优质钢材。但组合式型腔易在塑件上留下拼接缝痕迹，因此设计时应尽量减少拼块数量，合理选择拼接缝的部位，使拼接紧密。此外，还应尽可能使拼接缝的方向与塑件脱模方向一致，以免影响塑件脱模。组合式型腔的结构形式较多，图3-12（b）、（c）为底部与侧壁分别加工后用螺钉连接或镶嵌。图c拼缝与塑件脱模方向一致，有利于脱模。图（d）为局部镶嵌，除便于加工外，还方便磨损后更换。对于大型复杂模具，可采用图（e）所示的侧壁镶拼嵌入式结构，将四侧壁与底部分别加工、热处理、研磨、抛光后压入模套，四壁以锁扣形式连接，为使内侧接缝紧密，其连接处外侧应留0.3～0.4mm间隙，在四角嵌入件的圆角半径R应大于模套圆角半径。图（f）(g) 为整体嵌入式，常用于多腔模或外形较复杂的塑件。整体镶块常用冷挤、电铸或机械加工等方法加工，然后嵌入，它不仅便于加工，且可节省优质钢材。

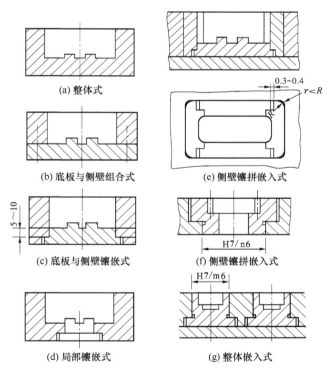

(a) 整体式

(b) 底板与侧壁组合式

(c) 底板与侧壁镶嵌式

(d) 局部镶嵌式

(e) 侧壁镶拼嵌入式

(f) 侧壁镶拼嵌入式

(g) 整体嵌入式

图3-12 型腔结构

3.2.2 型芯

型芯是成型塑件内表面的工作零件。与型腔相似，型芯结构也可分为整体式和组合式，如图3-13所示。

1. 整体式

整体式型芯如图 3-13a 所示，型芯与模板做成整体，结构牢固，成型质量好，但钢材消耗量大，适用于内表面形状简单的中、小型芯。

2. 组合式

当塑件内表面形状复杂而不便于机械加工时，或形状虽不复杂，但要节省优质钢材时，可采用组合式型芯，将型芯及固定板分别采用不同材料制造和热处理，然后连接在一起，图 3-13bcd 为常用连接方式。图 b 用螺钉连接，销钉定位。图 c 用螺钉连接，止口定位。图 d 采用轴肩和底板连接。

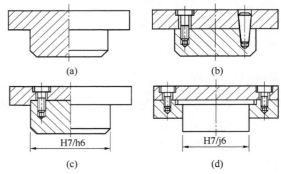

图 3-13　型芯的结构形式

3. 型芯的固定

（1）小型芯的固定

小型芯往往单独制造，再镶嵌入固定板中，如图 3-14 所示。图（a）采用过盈配合，从模板上压入。图（b）采用间隙配合再从型芯尾部铆接。图（c）是对细长的型芯的下部加粗，由底部嵌入，然后用垫板固定。图（d）和图（e）是用垫块或螺钉压紧，这样不仅增加了型芯的刚性，也便于更换，且可调整型芯高度。

（2）异形型芯的固定

异形型芯为便于加工和固定，可做成如图 3-15 所示的结构，图（a）将下面部分做成圆柱形，便于安装固定。图（b）只将成型部分做成异形，下面固定与配合部分均做成圆形。

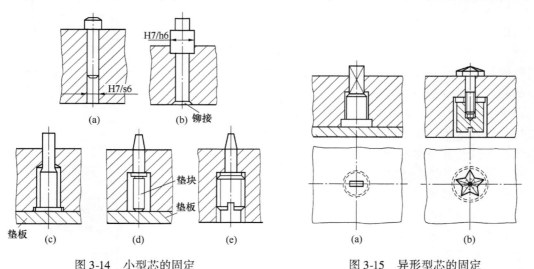

图 3-14　小型芯的固定　　　　　　图 3-15　异形型芯的固定

（3）复杂镶拼型芯的固定

为便于机械加工和热处理，可将形状复杂的型芯做成镶拼组合式，如图 3-16 所示。图（a）采用台阶固定，销钉定位。图（b）采用台阶固定。

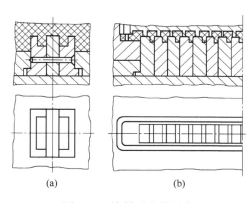

(a)　　　　　　　　(b)

图 3-16　镶拼型芯的固定

3.2.3　螺纹型环

　　螺纹型环用于成型塑件外螺纹或固定带有外螺纹的金属镶件。它实际上是一个活动的螺母镶件，在模具闭合前装入型腔内，成型后随塑件一起脱模，在模具外卸下。因此，与普通型腔一样，其结构也有整体式和组合式两类。

　　整体式螺纹型环如图 3-17（a）所示，它与模孔呈间隙配合 H8/f8，配合段不宜过长，常为 3～5mm，其余加工成锥形，尾部加工成平面，便于在模具外利用扳手从塑件上取下。图（b）为组合模式螺纹型环，采用两瓣拼合，用销钉定位。在两瓣结合面的外侧开有楔形槽，便于脱模后用尖劈状卸模工具取出塑件。由于组合式型环将螺纹分为两半，会在塑件表面留下拼合痕迹，故这种结构仅适合成型尺寸精度要求不高的螺纹。

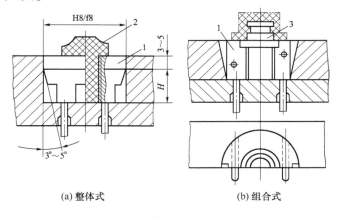

(a)整体式　　　　　(b)组合式

1—螺纹型环　2—带外螺纹塑件　3—螺纹镶件
图 3-17　螺纹型环

3.2.4　螺纹型芯

　　螺纹型芯用于成型塑件上的螺纹孔或固定金属螺母镶件。螺纹型芯在模内的安装方式如图 3-18 所示，均采用间隙配合，仅在定位支承方式上有所区别。图（a）（b）（c）用于成型塑件上的螺纹孔，分别采用锥面、圆柱台阶面和垫板定位支承方式。图（d）（e）（f）（g）用于固定金属螺纹镶件。图（d）结构难以控制镶件旋入型芯的位置，且在成型压力作用下塑料熔体易挤入镶件与模具之间及固定孔内，影响镶件轴向位置和塑件的脱模。图（e）将型芯做成阶梯状，镶件拧至台阶为止，有助于改善上述问题。图（f）适用于细小的小于 M3 的螺纹型芯，将镶件下部嵌入模板止口，可增加小型芯刚性，且阻止料流挤入镶件螺纹孔。图（g）用普通光杆型芯代替螺纹型芯固定螺纹镶件，省去了模外卸螺纹的操作，适于镶件上螺纹孔为盲孔，且受料流冲击不大的情况，或虽为螺纹通孔，但其孔径小于 3mm 的情况。

上述安装方式主要用于立式注塑机的下模或卧式注塑机的定模。

对于上模或冲击振动较大的卧式注塑机的动模，螺纹型芯应采用防止自动脱落的连接形式，如图 3-19 所示。图（a）～（g）为弹性连接形式。图（a）（b）在型芯柄部开豁口槽，借助豁口槽弹力将型芯固定，适用于直径小于 8mm 的螺纹型芯。图（c）（d）采用弹簧钢丝卡入型芯柄部的槽内张紧型芯，适用于直径 8 ~ 16mm 的螺纹型芯。图（e）采用弹簧钢球，适用于直径大于 16mm 的螺纹型芯。图（f）采用弹簧卡圈固定。图（g）采用弹簧夹头夹紧。图

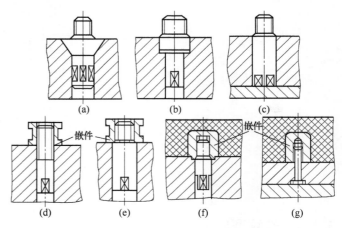

图 3-18　螺纹型芯的安装方式

（h）则为刚性连接的螺纹型芯，使用后不便于更换。

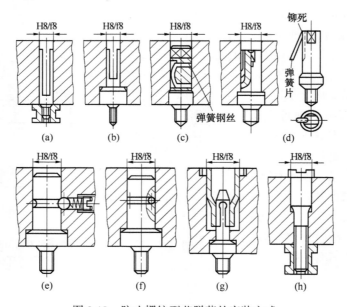

图 3-19　防止螺纹型芯脱落的安装方式

3.3　简单分模案例：圆形盖模具分模设计

模具设计的主要工作即是分模，具体来说即是模架中的模仁部分，其他的部分可以订购回来后模具钳工进行部分加工。

在 Mastercam 中，始终规定世界坐标系（也就是绘图区左下角的坐标系）的 Z 轴正方向为模具开模方向。

对图 3-20 所示的塑料圆形盖进行分模。图 3-21 所示为分模完成的公母模（型芯与型腔零件）。

图 3-20　塑料圆形盖

图 3-21　公母模

3.3.1　产品预处理

由于产品原始方向与开模方向并不一致，因此需要调整开模方向。为了让产品尽量留在型芯一侧（一般指产品内侧），让产品外表面在 Z 轴正方向上。

1. 调整产品开模方向

 操作步骤

01 在快速访问工具栏中单击"打开"按钮，打开"源文件 \ Ch03 \ 3-1. mcam"文件。

02 在"管理"面板中的"平面"选项面板平面列表中选择"前视图"选项，单击"设置当前 WCS 的绘图平面"按钮，完成工作平面（绘图平面）的设置。

03 在"视图"选项卡"轴线显示"面板中单击"显示指针"按钮，打开 WCS 坐标系，可以看出模型的外表面正对 Z 轴负方向，坐标系是不能旋转的，只能旋转模型。

04 在"转换"选项卡中单击"旋转"按钮，选取产品，弹出"旋转"选项面板，在选项面板中设置旋转角度为 180，单击"确定"按钮，完成产品模型的旋转，如图 3-22 所示。

> **技术点拨**　一般来讲，分型线在产品最大投影面的轮廓边上，为了保证产品外部的表面质量，最终确定分型线在产品底部最大轮廓边上，所以要将产品模型移动，使工作坐标系处于产品底部中心点上。

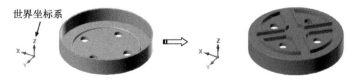

图 3-22　旋转产品模型

05 在"转换"选项卡"位置"面板中单击"平移"按钮，将模型向 Z 轴正方向移动 25mm，结果如图 3-23 所示。

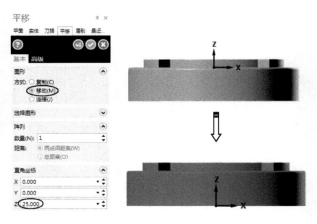

图 3-23　平移

2. 设置产品缩水率

模具设计要考虑到产品的缩水问题，这就是我们常说的"缩水率"。假定本例产品材料为 ABS，缩水比例为 1.005。

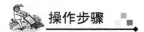
操作步骤

01 在"转换"选项卡"比例"面板中单击"缩放"按钮 ，选取产品，弹出"比例"选项面板。

02 在"比例"选项面板中设置缩放比例的值为 1.005，单击"确定"按钮 ，完成产品缩水率的设置，如图 3-24 所示。

图 3-24　设置产品缩水率

3. 产品拔模处理

由于塑料件成型后需要脱模，如果侧边完全平行于开模方向，则开模阻力极大，并且会拉伤产品外观，因此，在开模平行方向建议拔模 1°~3°便于脱模。下面讲解具体步骤。

操作步骤

01 动态分析侧面角度和圆角半径。在"主页"选项卡"分析"面板中单击"动态分析"按钮 ✗动态分析，首先选择产品模型的外侧面作为要分析的图形，然后移动光标箭头位置，结合"动态分析"对话框查看该面的角度值，如图3-25所示。得知所选面的拔模角度值为0，需要进行拔模处理。

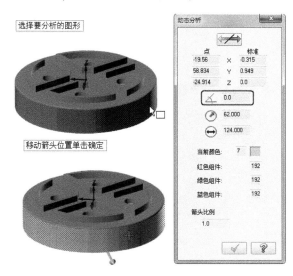

图3-25 动态分析

02 查找特征移除圆角。在"建模"选项卡"修改"面板中单击"查找特征"按钮 查找特征，弹出"查找特征"选项面板。在选项面板中选择"移除特征"单选按钮，设置半径最小值为0，最大值为2，单击"确定"按钮，移除1圆角边界，如图3-26所示。

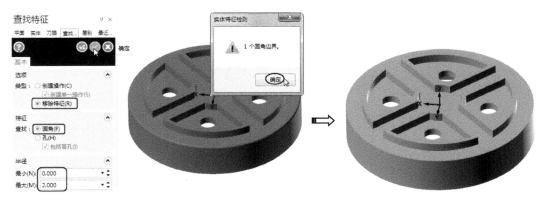

图3-26 移除圆角特征

03 拔模操作。在"实体"选项卡"修改"面板中单击"拔模"按钮 🔧，按提示信息选择要拔模的面，接着选择一个平面作为拔模固定参考面，随后弹出"依照实体面拔模"选项面板，在选项面板中设置拔模的角度值为1，单击"确定"按钮，完成拔模操作，结果如图 3-27 所示。

选择要拔模的面　　　选择拔模参考平面　　　设置拔模角度

图 3-27　拔模操作

04 同理，为产品中的其他竖直面进行拔模处理，如图 3-28 所示。

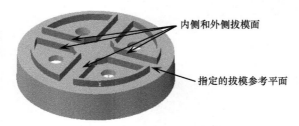

图 3-28　其余竖直面的拔模处理

05 重新为产品倒圆角，如图 3-29 所示。

图 3-29　重新倒圆角处理

3.3.2　分型设计

产品处理完毕后即进行毛坯工件的创建，以方便后续掏空产品位和分割出公母模零件（型芯与型腔零件），具体步骤如下。

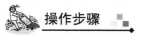 **操作步骤**

01 在"层别"选项面板中激活"图层 2"作为当前主图层。在"草图"选项卡"形

状"面板中单击"边界盒"按钮，按住 Ctrl + A 快捷键选择全部图形，弹出
"边界盒"选项面板。

02 在选项面板中设置边界盒的形状及尺寸，单击"确定"按钮，完成边界盒的创建，
如图 3-30 所示。

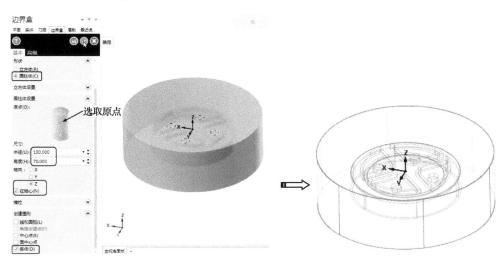

图 3-30　创建边界盒（毛坯工件）

03 采用产品布尔切割工件。在"实体"选项卡"创建"面板中单击"布尔"按钮
，首先选择边界盒实体作为目标主体，然后选取产品模型为工件主体，在弹出
的"布尔运算"选项面板中，设置布尔类型为"切割"，并勾选"保留原始工件实
体"复选框，单击"确定"按钮，完成工件的分割，如图 3-31 所示。

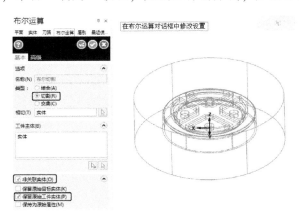

图 3-31　布尔切割

04 在"实体"选项卡"修改"面板中单击"依照平面修剪"按钮，选择布尔切
割后的工件作为修剪主体，弹出"依照平面修剪"选项面板。

05 在"依照平面修剪"选项面板中勾选"分割实体"复选框，然后单击"指定平
面"按钮，选取修剪平面为"俯视图"，如图 3-32 所示。

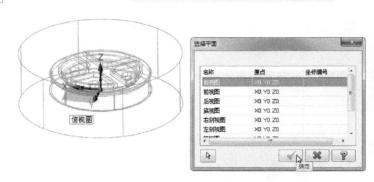

图 3-32　选择分割平面

06 单击"确定"按钮，完成工件的分割，得到 2 个实体，如图 3-33 所示。

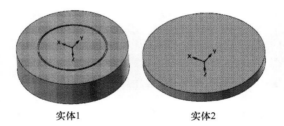

实体1　　　　　　　　实体2

图 3-33　分割出来的 2 个实体

07 关闭"图层 2"的显示，仅显示产品模型。在"曲面"选项卡中单击"由实体生成曲面"按钮，抽取实体面，如图 3-34 所示。

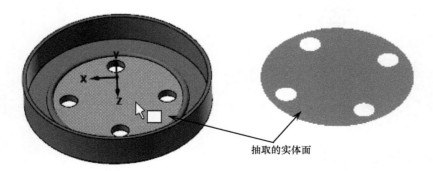

抽取的实体面

图 3-34　抽取实体面

08 恢复曲面边界。单击"恢复到修剪边界"按钮 恢复到修剪边界，再选取曲面，移动光标箭头到破孔处单击，确定移除所有内部边界，结果如图 3-35 所示。

09 新建一个图层，将抽取的曲面转移到该图层中。

10 曲面修剪分割实体。单击"修剪到曲面/薄片"按钮，先选取实体 1 作为目标主体，再选取抽取曲面作为修剪曲面，在弹出的"修剪带曲面/薄片"选项面板中勾选"分割实体"复选框，单击"确定"按钮，将实体 1 分割成 2 个实体，如图 3-36 所示。外围较大的一块实体就是型腔零件，中间小块的实体将与实体 2 合并成型芯零件。

图 3-35　恢复曲面到修剪边界

图 3-36　曲面分割实体

11 单击"布尔"按钮，选取中间小块的实体和实体 2 进行合并，得到型芯零件，结果如图 3-37 所示。

12 至此完成了本例产品的分模工作，型腔零件如图 3-38 所示。

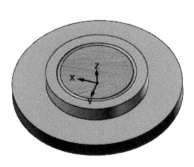

图 3-37　布尔合并得到的型芯　　　　　　图 3-38　型腔零件

3.4 课后习题

（1）对如图 3-39 所示的产品进行分模，分模结果如图 3-40 所示。

图 3-39　产品 1

图 3-40　公母模 1

（2）对如图 3-41 所示的卡扣产品进行分模，分模结果如图 3-42 所示。

图 3-41　产品 2

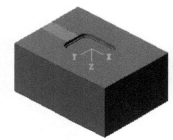

图 3-42　公母模 2

第4章

Mastercam 数控加工通用参数

应用 Mastercam 2018 进行加工时，需要设置一些常用的参数，包括刀具设置、加工工件设置、加工仿真模拟、加工通用参数设置、三维曲面加工参数设置等。这些参数除了少部分是特殊的刀路才有的，其他大部分参数是所有刀路都需要设置的，因此，掌握并理解这些参数是非常重要的。

案例展现

ANLIZHANXIAN

案　例　图	描　　述
	用户可以直接调用刀具库中的刀具，也可以修改刀具库中的刀具产生需要的刀具形式，还可以自定义新的刀具，并保存到刀具库中
	刀具设置和参数设置完毕后，就可以设置工件了，加工工件的设置包括工件的尺寸、原点、材料、显示等参数。如果要进行实体模拟，就必须要设置工件，当然，如果没有设置工件，系统会自动定义工件
	生成铣削加工刀路后，便可以进行刀路的切削模拟。刀路模拟分路径模拟、实体仿真和机床仿真三种模拟形式

4.1 Mastercam 铣削加工类型

Mastercam 铣削模块能够带来高效、简捷的编程体验，通过深入挖掘机床性能，可以有效提升生产速度和效率。

Mastercam 具备多种功能及优点，如易于使用、刀具功能自动化、实时毛坯模型进程更新、刀路智能化、工艺参数保存等，提供了高效、精简的加工配套。

Mastercam 2018 的铣削功能在"机床"选项卡中，如图 4-1 所示。

图 4-1 Mastercam "机床"选项卡

Mastercam 的铣削类型包括 2D/3D 铣削、车削、车铣复合铣削、线切割及木雕等。

1. 铣削

Mastercam 铣削模块的功能强大，不论是基本或复杂的 2D 加工，还是单面或高级的 3D 铣削，Mastercam 都能满足编程师的需要。

2D/3D 铣削的主要特点如下。

● 高速加工（High Speed Machining，HSM），结合高进给率、高主轴转速、指定工具及特殊刀具联动，缩短生产周期并提高加工质量。

● 动态铣削提高加工工艺的一致性，实现刀具全槽长的使用，同时减少加工时间。

● 高速优化开粗（OptiRough）可以更有效、快速地切除大量毛坯。

● 混合精加工智能化地融合了多个相应切削技术成为单一的刀路。

● 3D 刀路优化功能完美控制切削性能，完成精致优秀的成品，并缩短加工周期。

● 余料加工（再加工）功能自动确认小型刀具的加工范围。

● 基于特征加工功能自动分析零件特征并设计、生成有效的加工策略。

● 仿真功能的加工前模拟让用户更有信心尝试复杂的刀路。

在"机床类型"面板中单击"铣削"|"默认"命令，弹出"刀路"选项卡，如图 4-2 所示。

图 4-2 "刀路"选项卡

利用"铣削刀路"选项卡中的工具，可以创建出利用数控铣床进行加工的 2D、3D 及多轴加工刀路。

2. 车削

Mastercam 车削提供了一系列工具来优化车削加工过程。从简捷的 CAD 功能和实体模型加工到强大的精、粗加工，用户可以按自己的想法与创意进行各种加工。

Mastercam 车削加工的主要功能如下。

● 简易的精粗加工、螺纹加工、切槽、镗孔、钻孔及切断作业。

● 与 Mastercam 铣削结合，提供完整的车铣性能。

● 专为 ISCAR 的 Cut Grip 刀头而设计的切入车削刀路。

● 变量深度粗加工可防止粗加工时在型材上来回经过同一点时形成"槽"。

● 智能型的内、外圆粗加工，包括铸件边界的粗加工。

● 刀具监控功能可在精、粗加工和切槽中途停止加工，检查刀头。

● 快速分析几何体，设置零件调动操作将零件从主轴转移到副主轴或进行型材放置，最后实行切断刀路。

在"机床"选项卡"机床类型"面板中单击"车床"|"默认"命令，会弹出"车床车削"选项卡（如图 4-3 所示）和"车床铣削"选项卡。

图 4-3 "车床车削"选项卡

"车床车削"选项卡中的加工功能可以创建出常规的车削、钻孔、镗孔等刀路。"车床铣削"选项卡与"铣削刀路"选项卡的加工功能是完全一致的。

设计师重新为车床设计出符合铣削的工装夹具或铣削装置后，可以利用数控车床进行铣削加工。

3. 车铣复合

现今金属加工中，车铣复合加工中心功能强大但操作复杂，Mastercam 车铣复合模块可以有效简化这些加工中心的操作，使车铣复合加工简单快捷化。使用 Mastercam 车铣复合（Mill-Turn）可以避免复杂的工件设置，工件人工多次装夹及多余的夹具设置，可有效减少车间的停滞时间，提高加工效率。Mastercam 车铣复合简化了车削和车铣加工中心的工件设置。智能工作平面选项简化了设置步骤，只需指定所使用的刀塔和主轴，载入 Mastercam 成熟的铣削和车削刀路，即可创建需要的加工刀路，车铣复合不再是烦琐复杂的工作。

Mastercam 的车铣复合模块（Mill-Turn）使车铣加工中心的工序设置变得简单高效，大幅降低车铣复合编程的难度。要使用 Mastercam 的车铣复合模块，必须购买正版软件获得许可，再得到正版的车铣复合加工的机床文件，方可使用此模块。Mastercam 的车铣复合加工的功能区选项卡与车床的功能区选项卡是完全相同的。

4. 线切割

Mastercam 2 轴和 4 轴线切割模块提供多种加工方案以供选择。

Mastercam 简捷的操作让用户可以完全掌控线切割刀路、切割角度、切入和切出等功能。

Mastercam 可以智能记录储存操作历史，建立属于自己的设计风格。零件编程完成后，可以随时修改刀路，无须重新编程。Mastercam 的智能数控编程可以建立自己的加工策略库。只需在加工新零件前选择合适的加工记录，Mastercam 能将所选择的作业记录根据即将加工零件的特征进行修改，迅速、简明和高效，这就是智能编程。

线切割模块的主要特点如下。

● 文件追踪功能让编辑、更新文档更轻松。

● 修订记录功能可在短时间内定位修订部分并重编设计，节省宝贵的时间。

● 快速、简单和全面地控制脱料保护设置，按需要自由地增减挂台数量。

● Mastercam 的"No Drop Out"选项，可防止毛刺形成。

● Mastercam 线切割产品支持 Agievision 控制器和 Agie EDM 加工机。

● 刀路验证功能提高加工精确度。

线切割加工的"线割刀路"功能区选项卡如图4-4所示。

图4-4 "线割刀路"选项卡

5. 木雕

在模具加工或木制品工艺中，不可避免地要进行文字和图片的雕刻加工，Mastercam 提供了专业的木雕工艺加工的模块，木雕加工的"木雕刀路"功能选项卡如图4-5所示。

图4-5 "木雕刀路"功能选项卡

木雕加工的功能选项卡与铣削加工的功能选项卡是完全相同的，当然也可以在铣削加工的功能选项卡中调取加工命令完成模具雕刻加工或木工雕刻加工工作。

4.2 设置加工刀具

加工刀具的设置是所有加工都要进行的步骤，也是最先需要设置的参数。用户可以直接调用刀具库中的刀具，也可以修改刀具库中的刀具产生需要的刀具形式，还可以自定义新的刀具，并保存到刀具库中。

刀具设置主要包括从刀库选刀、修改刀具、自定义新刀具、设置刀具相关参数等。

4.2.1 从刀具库中选择刀具

从刀具库中选择刀具是最基本和常用的方式，操作比较简单，这里以进行铣削加工为例进行讲解。

在"铣削刀路"选项卡"公用"面板中单击"刀具管理"按钮，弹出"刀具管理"对话框，如图4-6所示。

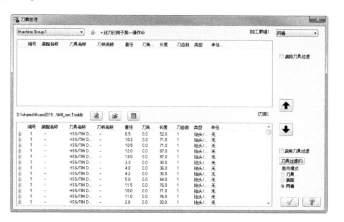

图4-6 "刀具管理"对话框

在对话框下方的刀库中选择用于铣削加工的平底刀或圆鼻刀刀具，单击"将选择的刀库刀具复制到机床群组中"按钮，将刀具添加到加工群组中，如图4-7所示。

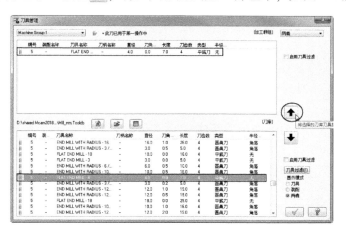

图4-7 刀具库选刀

在加工群组中可以删除刀具，单击右键，选择快捷菜单中的"删除刀具"命令，即可将刀具删除，如图4-8所示。

图4-8 删除刀具

4.2.2 修改刀具库中刀具

从刀具库选择的加工刀具，其刀具参数如刀径、刀长、切刃长度等是刀库预设的，用户可以修改参数得到所需要的加工刀具。在加工群组中选择要修改的刀具后单击右键，在弹出的右键快捷菜单中选择"编辑刀具"命令，弹出"编辑刀具"对话框，如图4-9所示，在此可以对刀具参数进行修改。

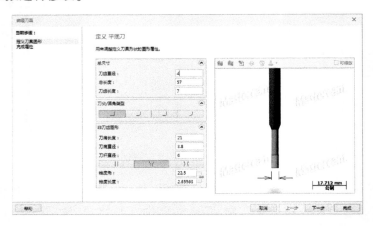

图 4-9 "编辑刀具"对话框

4.2.3 自定义新刀具

除了从刀库中选择刀具和修改刀具参数得到加工所需要的刀具外，用户还可以自定义新的刀具来获得所需加工刀具。

在"刀具管理"对话框的加工群组中的空白位置处单击右键，从弹出的右键菜单中选择"创建新刀具"命令，弹出"定义刀具"对话框。在"选择刀具类型"页面中选择所需加工刀具类型，如图4-10所示。

图 4-10 选择刀具类型

单击"下一步"按钮，在"定义刀具类型"页面中设置刀具的尺寸参数，如图4-11所示。

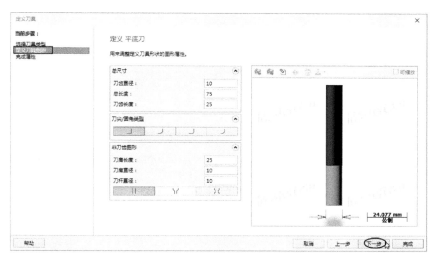

图4-11 设置刀具尺寸

单击"下一步"按钮，在"完成属性"页面中设置刀具的刀号、刀补参数、进刀量、进给速率、主轴转速、刀具材料及铣削加工步进量等参数，如图4-12所示。最后单击"完成"按钮，完成新刀具的创建。

图4-12 设置刀具的其他属性参数

4.2.4 在加工刀路中定义刀具

除了在刀库中定义刀具，还可以在创建某个加工刀路的过程中添加刀具。例如，创建一个外形加工刀路，在"铣削刀路"选项卡的"2D"面板中单击"外形"按钮，弹出"串连选项"对话框。选择加工的外形串连后，弹出"2D刀路 – 外形铣削"对话框。在对话框中的选项设置列表中选择"刀具"选项，对话框右侧显示刀具设置选项，如图4-13所示。

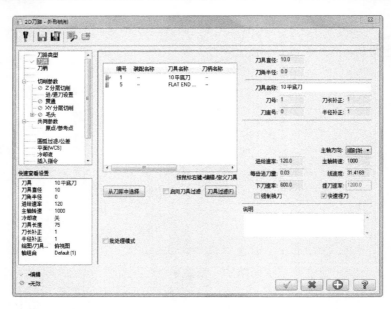

图 4-13　刀具设置选项

在这个对话框中不能删除刀具，但可以定义新刀具、编辑刀具。单击"从刀库中选择"按钮，会弹出"选择刀具"对话框，如图 4-14 所示。从对话框中的刀具库列表中选择所需刀具，单击"确定"按钮 ✓ ，完成刀具的选择。

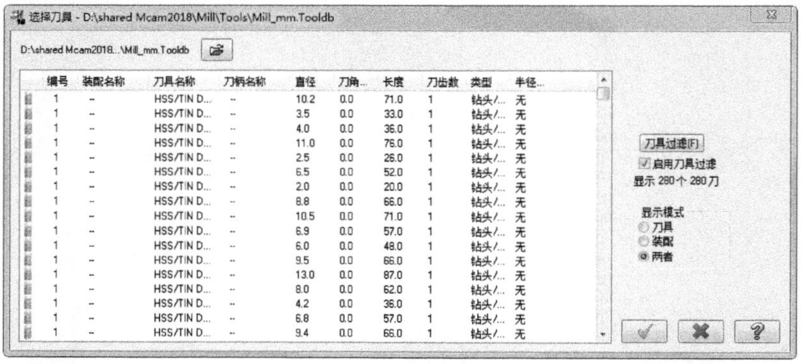

图 4-14　"选择刀具"对话框

4.3　设置加工工件（毛坯）

刀具设置完毕后，就可以设置工件了，加工工件的设置包括工件的尺寸、原点、材料、显示等参数设置。如果要进行实体模拟，就必须要设置工件，当然，如果没有设置工件，系统会自动定义工件，但自动定义的工件不一定符合要求。

在"刀路"管理面板中单击"毛坯设置"选项，打开"机床群组属性"对话框"毛坯设置"选项卡，在该选项卡中设置工件尺寸，可以如图 4-15 所示。

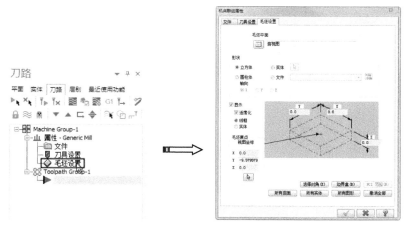

图 4-15　毛坯设置

4.4　刀路模拟

生成铣削加工刀路后便可以进行刀路的切削模拟了，待验证无误后再利用 POST 后处理功能输出正确的 NC 加工程序。刀路模拟分为路径模拟、实体仿真和机床仿真三种模拟形式。

1. 刀具路径模拟

要执行刀具路径模拟，可以在"刀路"管理面板中单击"模拟已选择的操作"按钮，或者在"机床"选项卡"刀路模拟"面板中单击"路径模拟"按钮，弹出"路径模拟"对话框和播放器控制条，如图 4-16 所示。单击"开始"按钮，即可播放刀路模拟动画。

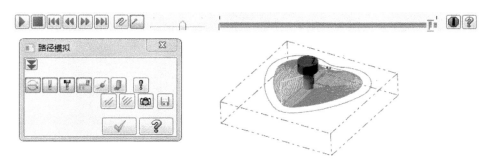

图 4-16　"路径模拟"对话框和播放器控制条

2. 实体加工模拟

执行实体加工模拟，可以看到零件的真实切削加工过程，在"刀路模拟"面板中单击"实体仿真"按钮，进入实体仿真界面，单击图形区下方播放器控制条中的"播放"按钮，如图 4-17 所示。

3. 机床仿真

机床仿真是在实体模拟的基础之上加入机床进行的动态模拟。在"机床"选项卡"刀路模拟"面板中单击"机床仿真"按钮，进入机床仿真界面进行机床仿真，如图 4-18 所示。

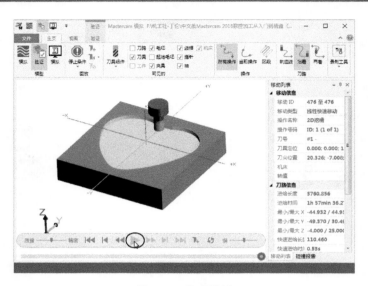

图 4-17 仿真模拟

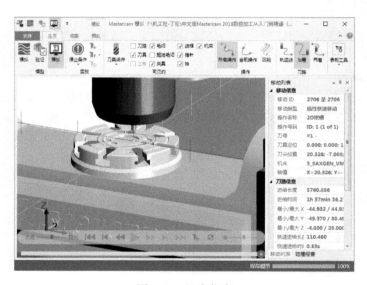

图 4-18 机床仿真

4. 后处理

实体加工模拟完毕后，若未发现任何问题，就可以后处理产生 NC 程序了。在"机床"选项卡"后处理"面板中单击"生成 NC"按钮 G1，弹出"后处理程序"对话框，在对话框中可设置后处理的参数，如图 4-19 所示。

单击"确定"按钮 ✓，将 NC 加工程序文件保存。

图 4-19 "后处理程序"对话框

4.5 2D 铣削通用加工参数

本节主要讲解加工过程中通用参数的设置。包括安全高度设置、补正设置、转角设置、外形设置、深度设置、进/退刀设置、过滤设置等。

4.5.1 安全高度设置

下面介绍安全高度的设置方法。

1. 理解高度与安全高度

起止高度指进退刀的初始高度。在程序开始时，刀具将先到这一高度，同时在程序结束后，刀具也将退回到这一高度。起止高度要大于或等于安全高度，安全高度也称为提刀高度，是为了避免刀具碰撞工件而设定的高度（Z 值）。安全高度是在铣削过程中，刀具需要转移位置时将退到这一高度再进行 G00 插补到下一进刀位置，一般情况下此值应大于零件的最大高度（即高于零件的最高表面）。

慢速下刀相对距离通常为相对值，刀具以 G00 快速下刀到指定位置，然后以接近速度下刀到加工位置。如果不设定该值，刀具以 G00 的速度直接下刀到加工位置。若该位置在工件内或工件上，且采用垂直下刀方式，则极不安全。即使是空的位置下刀，使用该值也可以使机床有缓冲过程，确保下刀所到位置的准确性，但是该值也不宜取得太大，因为下刀插入速度往往比较慢，太长的慢速下刀距离将影响加工效率。

在加工过程中，当刀具需要在两点间移动而不切削时，是否要提刀到安全平面呢？

当设定为抬刀时，刀具将先提高到安全平面，再在安全平面上移动，否则将直接在两点间移动而不提刀。直接移动可以节省抬刀时间，但是必须要注意安全，在移动路径中不能有凸出的部位，特别注意在编程中，当分区域选择加工曲面并分区加工时，中间没有选择的部分是否有高于刀具移动路线的部分。在粗加工时，对较大面积的加工通常建议使用抬刀，以便在加工时可以暂停，对刀具进行检查。而在精加工时，常采用不抬刀方式以加快加工速度，特别是像角落部分的加工，抬刀将造成加工时间大幅延长。在孔加工循环中，使用 G98 将抬刀到安全高度进行转移，而使用 G99 就将直接移动，不抬刀到安全高度，如图4-20 所示。

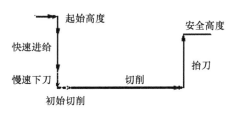

图 4-20　高度与安全高度

2. Mastercam 高度设置

高度参数设置是 Mastercam 二维和三维刀具路径都有的共同参数。高度选项卡中共有 5 个高度需要设置，分别是安全高度、参考高度、下刀位置、工件表面和切削深度。高度还分为绝对坐标和增量坐标两种，绝对坐标是相对原点来测量的，原点是不变的。增量坐标是相对工件表面的高度来测量的。工件表面随着加工的深入不断变化，因而增量坐标是不断变化的。在 2D 刀路的对话框中单击"共同参数"选项，弹出共同参数选项设置，如图4-21 所示。

其中部分参数含义如下。

● 安全高度：刀具开始加工和加工结束后返回机床原点前所停留的高度位置。勾选此复选框，用户可以输入一高度值，刀具在此高度值上一般不会撞刀，比较安全。此

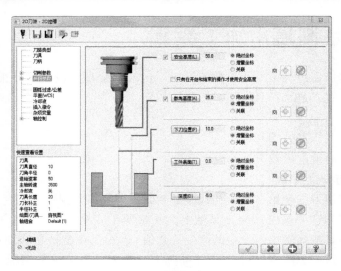

图 4-21　共同参数选项

高度值一般设置绝对值为 50～100mm。在安全高度下方有 "只有在开始及结束的操作才使用安全高度" 复选框，当选中该复选框时，仅在该加工操作的开始和结束时移动到安全高度；当未选中此复选框时，每次刀具在回缩时均移动到安全高度。

- 绝对坐标：相对原点来测量。
- 增量坐标：相对工件表面的高度来测量。
- 参考高度：刀具结束某一路径的加工，进行下一路径加工前在 Z 方向的回刀高度，也称退刀高度。此处一般设置绝对值为 10～25mm。
- 下刀位置：刀具下刀速度由 G00 速度变为 G01 速度（进给速度）的平面高度。刀具首先从安全高度快速移动到下刀位置，然后再以设定的速度靠近工件，下刀高度即是靠近工件前的缓冲高度，是为了刀具安全地切入工件，但是考虑到效率，此高度值不要设得太高，一般设置增量坐标为 5～10mm。
- 工件表面：加工件表面的 Z 值。一般设置为 0。
- 深度：工件实际要切削的深度。一般设置为负值。

4.5.2　补正设置

下面介绍补正设置方法。

1. 理解刀具补正

刀具的补正包括长度补正、半径补正。

（1）半径补正

刀具半径尺寸对铣削加工影响最大，在零件轮廓铣削加工时，刀具的中心轨迹与零件轮廓往往不一致。为了避免计算刀具中心轨迹，直接按零件图样上的轮廓尺寸编程，数控提供了刀具半径补正功能，如图 4-22 所示。

（2）长度补正

在实际加工中，刀具的长度不统一、刀具磨损、更换刀具等原因引起刀具长度尺寸变化时，编程人员不必考虑刀具的实际长度及对程序的影响。可以通过使用刀具长度补正指令来解决问题，在程序中使用补正，并在数控机床上用 MDI 方式输入刀具的补正量，就可以正确地加工。刀具磨损时，只需要修正刀具的长度补正量即可，而不必调整程序或刀具的加持长度，如图 4-23 所示。

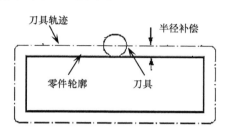

图 4-22　刀具半径补正

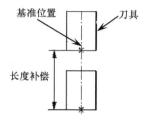

图 4-23　刀具长度补正

2. Mastercam 补正设置

在 2D 外形铣削的刀路创建对话框的"切削参数"选项设置中，可以设置"补正方式"和"补正方向"选项，如图 4-24 所示。

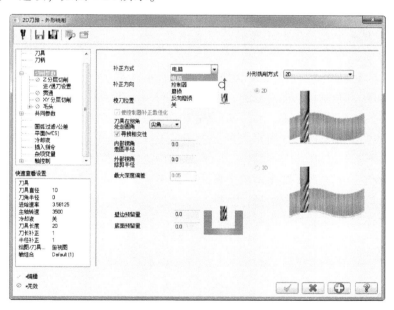

图 4-24　补正方式与补正方向设置

在实际的铣削过程中，刀具所走的加工路径并不是工件的外形轮廓，还包括一个补正量，补正量包括以下几个方面。

● 实际使用的刀具的半径。
● 程序中指定的刀具半径与实际刀具半径之间的差值。
● 刀具的磨损量。
● 工件间的配合间隙。

Mastercam 提供了 5 种补正方式和 2 个补正方向供用户选择。

（1）补正方式

刀具补正方式包括"电脑"补正、"控制器"补正、"磨损"补正、"反向磨损"补正和"关"5种。

- 当设置为"电脑"补正时，刀具中心向指定的方向（左或右）移动一个补正量（一般为刀具的半径），NC程序中的刀具移动轨迹坐标是加入了补正量的坐标值。
- 当设置为"控制器"补正时，刀具中心向（左或右）移动一个存储在寄存器里的补正量（一般为刀具半径），将在NC程序中给出补正控制代码（左补G41或右补G42），NC程序中的坐标值是外形轮廓值。
- 当设置为"磨损"补正时，即刀具磨损补正时，同时具有"电脑"补正和"控制器"补正，且补正方向相同，并在NC程序中给出加入了补正量的轨迹坐标值，同时又输出控制代码G41或G42。
- 当设置为"反向磨损"补正时，即刀具磨损反向补正时，同时具有"电脑"补正和"控制器"补正，但"控制器"补正的补正方向与设置的方向反向。即当采用"电脑"左补正时，在NC程序中输出反向补正控制代码G42，当采用"电脑"右补正时，在NC程序中输出反向补正控制代码G41。
- 当设置为"关"补正时，将关闭补正设置，在NC程序中给出外形轮廓的坐标值，且在NC程序中无控制补正代码G41或G42。

（2）补正方向

刀具补正方向有左补和右补两种。如图4-25所示，铣削一圆柱形凹槽，如果不补正，刀具沿着圆走，则刀具的中心轨迹是圆，由于刀具有一个半径在槽外，因而实际凹槽铣削的效果比理论上要大一个刀具半径。要想实际铣削的效果与理论值同样大，则必须使刀具向内偏移一个半径，再根据选取的方向来判断是左补正还是右补正。如图4-26所示，铣削一圆柱形凸缘，如果不补正，刀具沿着圆走，则刀具的中心轨迹是圆，由于有一个刀具半径在凸缘内，因而实际凸缘铣削的效果比理论上要小一个半径。要想实际铣削的效果与理论值一样大，则必须使刀具向外偏移一个半径，具体是左偏还是右偏，要看串连选取的方向。从以上分析可知，为弥补刀具带来的差距要进行刀具补正。

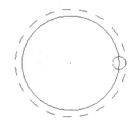 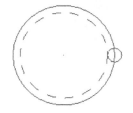

图 4-25　铣削凹槽　　　　　　　　　　　图 4-26　铣削凸缘

4.5.3　转角设置

在"切削参数"选项设置中有"刀具在拐角处走圆弧"选项，此选项用于两条及两条以上的相连线段转角处的刀具路径，即根据不同选择模式决定在转角处是否采用弧形刀具路径。

- 当设置为"无"时，即不走圆角，在转角地方不采用圆弧刀具路径。如图 4-27 所示，不管转角的角度是多少，都不采用圆弧刀具路径。
- 当设置为"尖角"时，即在尖角处走圆角，在小于 135° 转角处采用圆弧刀具路径。如图 4-28 所示，在 100° 的地方采用圆弧刀具路径，而在 136° 的地方采用尖角，即没有采用圆弧刀具路径。
- 当设置为"全部"时，即在所有转角处都走圆角，在所有转角处都采用圆弧刀具路径。如图 4-29 所示，所有转角处都走圆弧。

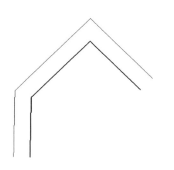

图 4-27　转角不走圆角

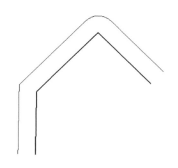

图 4-28　尖角处走圆角

图 4-29　全部走圆角

4.5.4　Z 分层切削设置

Z 分层切削设置选项如图 4-30 所示。该选项面板用于设置深度分层铣削的粗切和精修的参数。

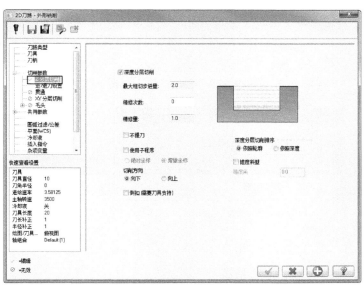

图 4-30　Z 分层切削设置选项

其中部分参数含义如下。

- 最大粗切步进量：用于输入粗切削时的最大进刀量。该值要视工件材料而定。一般来说，工件材料比较软时，比如铜，粗切步进量可以设置大一些；工件材料较硬时，像铣一些模具钢时，该值要设置小一些。另外，还与刀具材料的好坏有关，比如硬质合金钢刀进量可以稍微大些，白钢刀进量则要小些。

● 精切次数：用于输入需要在深度方向上精修的次数，此处应输入整数值。

● 精修量：用于输入在深度方向上的精修量，一般比粗切步进量小。

● 不提刀：用于选择刀具在每一个切削深度后，是否返回到下刀位置的高度上。当选中该复选框时，刀具会从目前的深度直接移到下一个切削深度；若未勾选该复选框，则刀具返回到原来的下刀位置的高度，然后移动到下一个切削的深度。

● 使用子程序：用于调用子程序命令。在输出的 NC 程序中会弹出辅助功能代码 M98（M99）。对于复杂的编程，使用副程式可以大大减少程序段。

● 深度分层切削排序：用于设置多个铣削外形时的铣削排序。当选中"依照轮廓"复选框时，先在一个外形边界铣削设定深度，再进行下一个外形边界铣削。当选中"依照深度"复选框时，先在深度上铣削所有的外形后，再进行下一个深度的铣削。

● 锥度斜壁：用来铣削带锥度的二维图形。当选中该复选框时，从工件表面按所输入的角度铣削到最后的角度。

> **技术点拨**　　如果是铣削内腔则锥度向内，如图 4-31 所示，锥度角为 40 度。如果是铣削外形则锥度向外，如图 4-32 所示，锥度角也为 40 度。

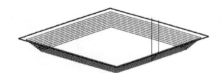

图 4-31　带锥度铣削内腔　　　　　　　　　图 4-32　带锥度铣削外形

● 切削方向：刀具的切削方向包括向下与向上，如图 4-33 所示。

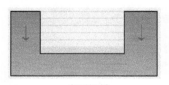

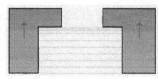

向下切削　　　　　　　　　　向上切削

图 4-33　切削方向

● 倒扣（需要刀具支持）：此选项用于设置底切，需设置刀具补正。

4.5.5　进/退刀设置

在外形参数选项面板中单击进退刀参数选项卡，弹出进退刀参数设置界面，如图 4-34 所示。该选项面板用于设置在刀具路径的起始及结束处加入一直线或圆弧刀具路径，使其与工件及刀具平滑连接。

起始刀具路径称为进刀，结束刀具路径称为退刀，示意图如图 4-35 所示。

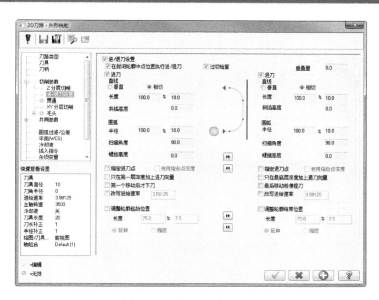

图4-34　进/退刀设置界面

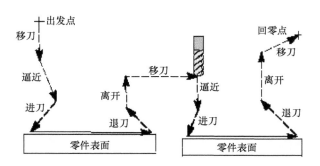

图4-35　进、退刀示意图

下面仅介绍部分参数含义。

● 在封闭轮廓中点位置执行进/退刀：选中"在封闭轮廓中点位置执行进/退刀"复选
框，可控制进退刀的位置，这样可避免在角落处进刀，对刀具不利。图4-36所示为
选中"在封闭轮廓的中点位置执行进/退刀"复选框时的刀具路径，图4-37所示为
未选中"在封闭轮廓的中点位置执行进/退刀"复选框时的刀具路径。

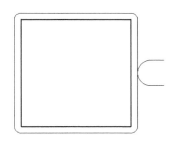

图4-36　在封闭轮廓的中点进/退刀

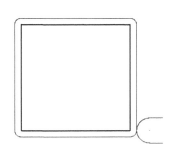

图4-37　不在封闭轮廓的中点进/退刀

● 重叠量：在"重叠量"数值框输入重叠值，用于设置进刀点和退刀点之间的距离。若设置为 0，则进刀点和退刀点重合，图 4-38 所示为重叠量设置为 0 时的进退刀向量。有时为了避免在进刀点和退刀点重合处产生切痕，就要在重叠量数值框输入重叠值。图 4-39 所示为重叠量设置为 20 时的进退刀向量。其中，进刀点并未发生改变，改变的只是退刀点，退刀点多退了 20 的距离。

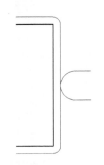 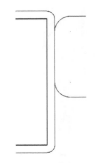

图 4-38　重叠量为 0　　　　　　　　　　　图 4-39　重叠量为 20

● 直线进/退刀：在直线进/退刀中，直线刀具路径的移动有两个模式，即垂直和相切。垂直进/退刀模式的刀具路径与其相近的刀具路径垂直，如图 4-40 所示。相切进/退刀模式的刀具路径与其相近的刀具路径相切，如图 4-41 所示。

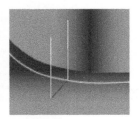 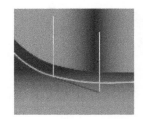

图 4-40　垂直模式　　　　　　　　　　　图 4-41　相切模式

● "长度"数值框用于输入直线刀具路径的长度，前面的长度数值框用于输入路径的长度与刀具直径的百分比，后面的长度数值框为刀具路径的长度。两个数值框是联动的，输入其中一个，另一个会相应变化。"斜向高度"数值框用于输入直线刀具路径的进刀以及退刀刀具路径的起点相对末端的高度。图 4-42 所示为进刀设置为 3、退刀设置为 10 时的刀具路径。

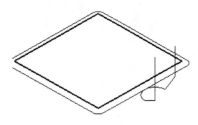

图 4-42　斜向高度

● 圆弧进/退刀：圆弧进/退刀是在进退刀时采用圆弧的模式，方便刀具顺利地进入工件。

● 半径：当选择"半径"时，输入进退刀刀具路径的圆弧半径。前面的半径数值框用于输入圆弧路径的半径与刀具直径的百分比，后面的半径数值框为刀具路径的半径值，这两个值也是联动的。

● 扫描角度：当选择"扫描角度"时，可输入进退
刀圆弧刀具路径的扫描的角度。

● 螺旋高度：当选择"螺旋高度"时，可输入进退
刀刀具路径螺旋的高度。图4-43所示为螺旋高度
设置为3时的刀具路径。设置高度值，可使进退
刀时刀具受力均匀，避免刀具由空运行状态突然
进入高负荷状态。

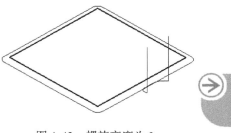

图4-43　螺旋高度为3

4.5.6　圆弧过滤/公差设置

圆弧过滤/公差设置选项如图4-44所示。该选项面板中可以设置NCI文件的过滤参数。通过对NCI文件进行过滤，可删除长度在设定公差内的刀具路径，从而优化或简化NCI文件。

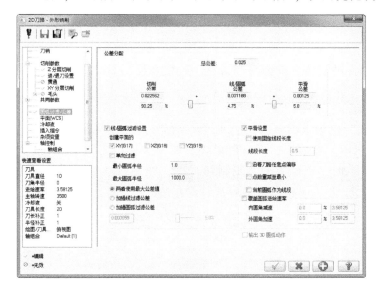

图4-44　过滤设置

4.6　3D铣削通用加工参数

Mastercam能对曲面、实体以及STL文件产生刀具路径，一般加工采用曲面来编程。曲面加工可分为曲面粗加工和曲面精加工。不管是粗加工还是精加工，它们都有一些共同的参数需要设置。下面将以曲面粗切平行加工刀路为例，对曲面加工的共同参数进行讲解。

4.6.1　刀具路径参数

刀具路径参数主要用于来设置与刀具相关的参数。与二维刀具路径不同的是，三维刀具路径参数所需的刀具通常与曲面的曲率半径有关系。精修时刀具半径不能超过曲面曲率半径。一般粗加工采用大刀、平刀或圆鼻刀，精修采用小刀、球刀。

在"铣削刀路"选项卡"3D"面板中单击"平行"按钮，选择要加工的曲面，弹

出如图 4-45 所示的"曲面粗切平行"对话框。

图 4-45　"曲面粗切平行"对话框

刀具设置和速率的设置在前面已经讲过，这里主要讲解"刀具/绘图面"参数和机床原点的设置等。

1. 刀具/绘图面

在"刀具参数"选项卡中单击"刀具/绘图面"按钮，弹出"刀具面/绘图面设置"对话框，如图 4-46 所示。在该对话框中可以设置工作坐标、刀具平面和绘图平面。当刀具平面和绘图平面不一致时，可以单击"复制到右边"按钮 ⏩，将左边内容复制到右边，或单击"复制到左边"按钮 ⏪，将右边内容复制到左边。

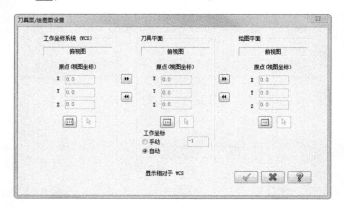

图 4-46　刀具面/绘图面的设定

此外，还可以单击"选择平面"按钮 ▦，弹出"选择平面"对话框，如图 4-47 所示。在该对话框中可以改变视角，使视角与工作坐标系一致。

2. 机床原点

在"刀具参数"选项卡中单击"机床原点"按钮，弹出"换刀点 – 用户定义"对话框，如图 4-48 所示。该对话框用于定义机床原点的位置，可以在 X、Y、Z 坐标数值框中输入坐标值作为机床原点值，也可以单击"选择"按钮，选择某点作为机床原点值，或单击

"从机床"按钮，使用参考机床的值作为机床原点值。

图 4-47 选择平面

图 4-48 设置机床原点

4.6.2 曲面加工参数

不管是粗加工还是精加工，用户都需要设置"曲面参数"选项卡中的参数，如图 4-49 所示。主要包括"安全高度""参考高度""下刀位置"和"工件表面"。一般没有"深度"选项，因为曲面的底部就是加工的深度位置，该位置是由曲面的外形来决定，故不需要用户设置。

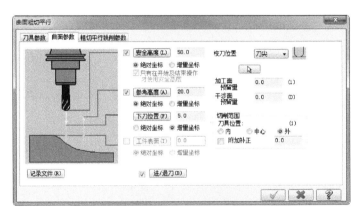

图 4-49 "曲面参数"选项卡

其中部分常用参数含义如下。

- 安全高度：每个操作的起刀高度，刀具在此高度上移动一般不会撞刀，即不会撞到工件或夹具，因而称为安全高度。在安全高度上开始下刀一般采用 G00 的速度。此高度一般设为绝对值。
- 绝对坐标：以坐标系原点作为基准。
- 增量坐标：以工件表面的高度作为基准。
- 参考高度：在两切削路径之间抬刀高度，也称退刀高度。参考高度一般也设为绝对值，此值要比进给下刀位置高。一般设为绝对值 10~25mm。
- 下刀位置：刀具速率由 G00 速率转变为 G01 速率的高度，也就是一个缓冲高度，可避免撞到工件表面。但此高度也不能太高，一般设为相对高度 5~10mm。
- 工件表面：设置工件的上表面 Z 轴坐标，默认为不可用，以曲面最高点作为工件表面。

4.6.3 进退刀向量

在"曲面参数"选项卡中勾选"进/退刀"复选框，并单击"进/退刀"按钮，弹出"方向"对话框，如图4-50所示。

该对话框用于设置曲面加工时刀具的切入与退出的方式。其中"进刀向量"选项组用于设置进刀时向量。"退刀向量"选项组用于设置退刀时向量。两者的参数设置完全相同。

各选项含义如下。

图4-50 进/退刀设置

- "进刀角度"/"提刀角度"：设置进/退刀的角度。图4-51所示为"进刀角度"设为45度、"退刀角度"设为90度时的刀具路径。
- 进刀"XY角度"/退刀"XY角度"：设置水平进/退刀与参考方向的角度。图4-52所示为进刀"XY角度"为30度、退刀"XY角度"为0度时的刀具路径。

图4-51 进刀角度45、退刀角度90

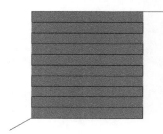

图4-52 XY角度

- "进刀引线长度"/"退刀引线长度"：设置进/退刀引线的长度。图4-53所示为"进刀引线长度"为20、"退刀引线长度"为10时的刀具路径。
- 进刀"相对于刀具"/退刀"相对于刀具"：设置进/退刀引线的参考方向。有两个选项，分别是"切削方向"和"刀具平面X轴"。当选择"切削方向"时，表示进刀线所设置的参数是相对于切削方向的。当选择"刀具平面X轴"时，表示进刀线所设置的参数是相对于所处刀具平面的X轴方向的。图4-54所示为采用相对于切削方向进刀角度为45度时的刀具路径，图4-55所示为相对于X轴进刀角度为45度时的刀具路径。

图4-53 进退刀引线

图4-54 相对切削方向

图4-55 相对X轴

- 向量：单击"向量"按钮 V向量 ，弹出"向量"对话框，如图4-56所示。可以输入X、Y、Z三个方向的向量来确定进退刀线的长度和角度。

● "参考线"：此按钮用于选择存在的线段来确定进退刀线的位置、长度和角度。

图 4-56 "向量"对话框

4.6.4 校刀位置

"曲面参数"选项卡"校刀位置"下拉列表中的选项如图 4-57 所示，包括"中心"和"刀尖"。当选择"刀尖"选项时，产生的刀具路径为刀尖所走的轨迹。当选择"中心"选项时，产生的刀具路径为刀具中心所走的轨迹。由于平刀不存在球心，所以这两个选项在使用平刀时无区别。但在使用球刀时会有区别。图 4-58 所示为选择"刀尖"为校刀位置的刀具路径。图 4-59 所示为选择"中心"为校刀位置的刀具路径。

图 4-57 "校刀位置"下拉列表

图 4-58 刀尖校刀位置

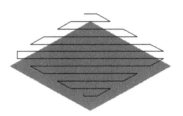

图 4-59 中心校刀位置

4.6.5 加工面、干涉面和加工范围

在"曲面参数"选项卡中单击"选取"按钮，弹出"刀路曲面选取"对话框，如图 4-60 所示。

其参数含义如下。

● 加工面：需要加工的曲面。
● 干涉面：不需要加工的曲面。
● 切削范围：在加工曲面的基础上再限定某个范围来加工。
● 指定下刀点：选择某点作为下刀或进刀位置。

图 4-60 "刀路曲面选取"对话框

4.6.6 预留量

预留量是指在曲面加工过程中，预留少量的材料不予加工，或留给后续的加工工序进行加工，包括加工曲面的预留量和加工刀具避开干涉面的距离。在进行粗加工时，一般需要设置加工面的预留量，通常设置 0.2～0.5mm，目的是便于后续的精加工。图 4-61 中，曲面预留量为 0，图 4-62 中，曲面预留量为 0.5，很明显抬高了一定高度。

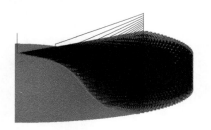

图 4-61 曲面预留量为 0

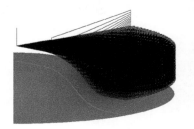

图 4-62 曲面预留量为 0.5

4.6.7 切削范围

在"曲面加工参数"选项面板的"切削范围"选项组中选择
"刀具位置"选项组中的单选按钮，如图 4-63 所示。刀具的位置包
括 3 种："内""中心"和"外"。

其参数含义如下。

● 内：选择该项时，刀具在加工区域内侧切削，即切削范围
  就是选择的加工区域。

● 中心：选择该项时，刀具中心走加工区域的边界，切削范
  围比选择的加工区域多一个刀具半径。

● 外：选择该项时刀具在加工区域外侧切削，切削范围比选择的加工区域多一个刀具
  直径。

图 4-64 中选择了"内"选项的刀具位置，图 4-65 中选择了"中心"选项的刀具位置，
图 4-66 中选择了"外"选项的刀具位置。

图 4-63 刀具控制

图 4-64 "内"刀具位置

图 4-65 "中心"刀具位置

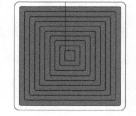

图 4-66 "外"刀具位置

> **技术点拨**　用户选择"内"或"外"刀具补正范围方式时，还可以在"附加补正"数值框中输入额外的补正量。

4.6.8 切削深度

切削深度用于控制加工铣削深度。在"曲面粗切平行"对话框的"粗切平行铣削参数"
选项卡中单击"切削深度"按钮 切削深度 ，弹出"切削深度设置"对话框，如图 4-67
所示。

切削深度的设置分为绝对坐标和增量坐标两种方式。

图4-67　切削深度

1. 绝对坐标

绝对坐标方式通过输入绝对坐标来控制加工深度的最高点和最低点。绝对坐标方式常用于加工较深的工件，因为太深的工件需要很长的刀具加工，如果一次加工完毕，刀具磨损会比较严重，且加工质量也不好。一般用短的旧刀具加工工件的上半部分，再用长的新刀具加工下半部分。图4-68中用旧短刀从0加工到−100，图4-69中再用新长刀从−100加工到−200，这样不仅节约刀具，还可以提高效率。

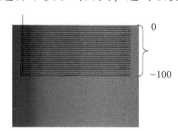

图4-68　加工上半部分

图4-69　加工下半部分

2. 增量坐标

在"切削深度设置"对话框中选择"增量坐标"单选按钮，激活增量坐标模式，如图4-70所示。

各选项含义如下。

- 增量坐标：以相对工件表面的计算方式来指定深度加工范围的最高位置和最低位置。
- 第一刀相对位置：设定第一刀的切削深度位置到曲面最高点的距离。该值决定了曲面粗加工分层铣深第一刀的切削深度。

图4-70　增量深度的设定

- 其他深度预留量：设置最后一层切削深度到曲面最低点的距离。一般设置为0。

| 技术点拨 | 增量深度一般用于控制第一刀深度，不控制其他深度，增量深度示意图如图4-71所示。 |

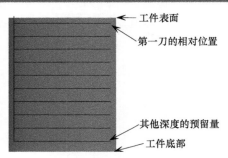

图 4-71　增量深度示意图

● 侦查平面：如果加工曲面中存在平面，在粗加工分层铣深时，会因每层切削深度的关系，常在平面上留下太多的残料。单击"侦查平面"按钮，会在右边显示栏显示侦查到的平面Z坐标数字，并在侦查加工曲面中的平面后，自动调整每层切削深度，使平面残留量减少。

技术点拨	如图 4-72 所示为没有侦查平面时的刀具路径示意图，会留下部分残料。图 4-73 所示为通过侦查平面后的刀具路径示意图。重新调整分层铣深深度，进行平均分配，残料减少。

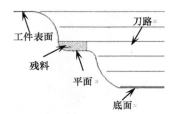

图 4-72　未侦查平面

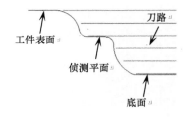

图 4-73　侦查平面

● 临界深度：用户在指定的 Z 轴坐标产生分层铣削路径。单击"临界深度"按钮，返回到绘图区，选择或输入要产生分层铣深的 Z 轴坐标。选择或输入的 Z 轴坐标会显示在临界深度坐标栏。

● 清除深度：在深度坐标栏显示的数值全部清除。

4.6.9　间隙设定

间隙分 3 种类型，包括两条切削路径之间的间隙、曲面中间的破孔或者加工曲面之间的间隙。图 4-74 所示为刀具路径间的间隙，图 4-75 所示为曲面破孔间隙，图 4-76 所示为曲面间的间隙。

图 4-74　路径间隙

图 4-75　破孔间隙

图 4-76　曲面间的间隙

在"粗切平行铣削参数"选项卡中单击"间隙设置"按钮，弹出"刀路间隙设置"对话框，用于设置刀具遇到间隙时的处理方式，如图4-77所示。

图 4-77 "刀路间隙设置"对话框

该选项面板中各参数含义如下。

● 允许间隙大小：设定刀具遇到间隙时是否提刀的判断依据，有以下两个选项。

● 距离：在数值框输入允许间隙距离。如果刀具路径中的间隙距离小于所设的允许间隙距离，此时不提刀。如果大于该值，则会提刀到参考高度后再下刀。

技术 点拨	图 4-78 中两路径之间距离间隙为 6、小于允许的间隙 10，则不提刀。图 4-79 中两路径之间距离间隙为 6、大于允许的间隙 3，则提刀。

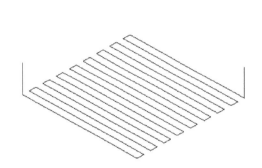

图 4-78 间隙小于允许间隙

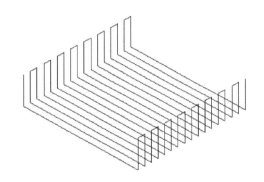

图 4-79 间隙大于允许间隙

● 步进量%：步进量是指最大切削间距，即每两条切削路径之间的距离，以输入最大切削间距的百分比来设定。比如输入 300%，则间隙小于两路径之间距离的 3 倍就不提刀，大于该值则提刀到参考高度。图 4-80 中圆的直径 10 小于两路径之间距离 6 的 3 倍（300%），则不提刀。图 4-81 中圆的直径 19 大于两路径之间的距离 6 的 3 倍（300%），则提刀。

图 4-80 间隙小于允许间隙

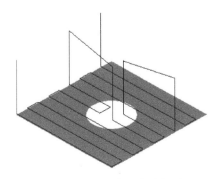

图 4-81 间隙大于允许间隙

- 移动小于允许间隙时，不提刀：当间隙小于允许间隙时刀具路径不提刀，且可以设置刀具过间隙的方式，包括"不提刀""打断""平滑"和"沿着曲面"4种。
- 不提刀：刀具在两切削路径间以直接横越的方式移动，图4-82中采用横越方式移动。
- 打断：刀具先向上移动，再水平移动后下刀，图4-83中采用打断方式移动。

图4-82　直接

图4-83　打断

> **技术点拨**　采用"不提刀"方式时要注意，曲面是凹形的，刀具若采用此方式是可以过渡的，但是，如果曲面是凸形的，刀具采用此种方式过渡，就会使曲面过切。

- 平滑：刀具以流线圆弧的方式越过间隙，通常在高速加工中用，图4-84中采用平滑方式移动。
- 沿着曲面：沿着曲面的方式移动，图4-85中采用沿着曲面方式移动。

图4-84　平滑

图4-85　沿着曲面

- 间隙移动用下刀及提刀速率：选中该复选框，在间隙处位移动作的进给率以刀具参数的下刀和提刀速率来取代。
- 检查间隙位移过切情形：即使间隙小于允许间隙，刀具仍有可能发生过切情况。此参数会自动调整刀具移动方式避免过切。
- 位移大于允许间隙时，提刀至安全高度：间隙大于允许间隙时，自动抬刀到参考高度，再位移后下刀。图4-86中当斜向间距大于允许间隙时，自动控制刀具提刀。
- 检查提刀时的过切情形：若在提刀过程中发生过切情形，该参数自动调整提刀路径。
- 切削排序最佳化：选中该项会使刀具在区域内寻找连续的加工路径，直到完成此区域所有的刀具路径才移动到其他区域加工，这样可以减少提刀机会。图4-87所示为选中"切削排序最佳化"复选框时

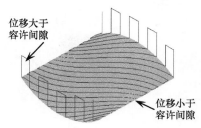

位移大于容许间隙

位移小于容许间隙

图4-86　位移大于间隙抬刀

的刀具路径。图4-88为未选中"切削排序最佳化"复选框时的刀具路径，提刀次数明显增多，效率降低。

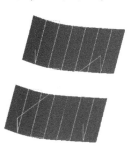

图4-87　选中"切削排序最佳化"　　　　图4-88　未选中"切削排序最佳化"

● 在加工过的区域下刀（用于单向平行铣）：选中该复选框，允许刀具由先前切削过的区域下刀，但只适用于平行铣削的单向铣削功能。

● 刀具沿着切削范围的边界移动：选中该复选框后，如果选取了切削范围边界，此参数会使间隙上的路径沿着切削范围边界移动。图4-89所示为选中"刀具沿着切削范围的边界移动"复选框时的刀具路径。图4-90所示为未选中"刀具沿着切削范围的边界移动"复选框时的刀具路径。对于非直线组成的边界，此参数能让边界铣削的效果更加平滑。

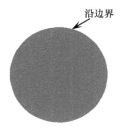
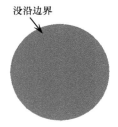

图4-89　选中"沿边界"时　　　　　图4-90　未选中"沿边界"时

● 切弧半径/切弧扫描角度/切线长度：这3个参数用于设置在曲面精加工刀具路径起点、终点位置，增加切弧进刀刀具路径或退刀刀具路径，使刀具平滑进入工件。

图4-91所示为"切线长度"为10的刀具路径，图4-92所示为"切弧半径"为10、"切弧扫描角度"为90的刀具路径，图4-93所示为"切线长度"为10、"切弧半径"为10、"切弧扫描角度"为90的刀具路径。

图4-91　切线　　　　　　图4-92　切弧　　　　　　图4-93　切线和切弧设置

4.6.10　进阶设定

在"粗切平行铣削参数"选项卡中单击"高级设置"按钮，弹出"高级设置"对话框。该对话框可设置刀具在曲面和实体边缘的动作与精准度参数，也可以检查隐藏的曲面和实体面是否有折角，如图 4-94 所示。

图 4-94 "高级设置"对话框

"高级设置"对话框中各选项的含义如下。

● 刀具在曲面（实体面）边缘走圆角：用于设置刀具在曲面边缘走圆角。提供以下 3 种方式。

● 自动（以图形为基础）：依据选取的切削范围和图形来决定是否走圆角。如果选取了切削范围，刀具会在所有的加工面的边缘产生走圆角刀具路径，如图 4-95 所示。如果没有选取切削范围，只在两曲面间走圆角，图 4-96 所示为默认的方式。

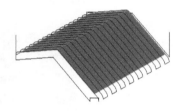

图 4-95 选取了边界

图 4-96 没有选取边界

● 只在两曲面（实体面）之间：只在两曲面相接时形成外凸尖角处走圆角刀具路径。图 4-97 所示为两曲面形成相接的外凸尖角走圆角的刀具路径。图 4-98 所示为两曲面形成相接的内凹尖角不走圆角的刀具路径。

● 在所有边缘：在所有的曲面和实体面的边缘都走圆角，如图 4-99 所示。

图 4-97 外凸

图 4-98 内凹

图 4-99 所有边缘都走圆角

● 尖角公差（在曲面/实体面边缘）：用于设定圆角路径部分的误差值。距离越小，走圆角的路径越精确；距离越大，走角路径偏差就越大。误差值越小，走圆角的路径越精确；误差值越大，走圆角路径偏差就越大，还有可能伤及曲面边界。

● 忽略实体中隐藏面的检测：此项适合于在大量实体面组成的复杂的实体上产生刀具路径时，加快刀具路径的计算速度。在简单实体上因为花的计算时间不是很多，因此不需要应用此项。

● 检测曲面内部锐角：曲面有折角将会导致刀具过切，此参数能检查曲面是否有锐角。如果发现曲面有锐角，会弹出警告并建议重建有锐角的曲面。

第5章

2D 平面铣削加工案例

在 Mastercam 2018 加工模块中，2D 平面加工是 Mastercam 相对于业内其他 CAM 软件最大的优势，Mastercam 中的 2D 加工操作方式简单，刀路计算快捷，加工刀具路径包括外形铣削、挖槽加工、钻孔加工、平面铣削、雕刻加工等。

案例展现
ANLIZHANXIAN

案 例 图	描 述	案 例 图	描 述
	平面铣削加工主要是对零件表面上的平面进行铣削加工		摆线式加工沿外形轨迹线增加在 Z 轴的摆动，这样可以减少刀具磨损
	外形铣削加工是对外形轮廓进行加工，通常用于二维工件或三维工件的外形轮廓加工		雕刻加工主要用雕刻刀具对文字及产品装饰图案进行雕刻加工，以提高产品的美观性
	二维挖槽加工主要用于切除封闭的或开放的外形所包围的材料（槽形）		模型中有多个凹槽，而且槽深度不一样，槽大小也不同，所以要分开来加工。对于封闭的凹槽，可以直接采用标准挖槽

5.1 平面铣削加工

平面铣削加工主要是对零件表面上的平面进行铣削加工，或对毛坯表面进行加工，加工得到的结果即是平整的表面。平面加工采用的刀具是面铣刀，一般尽量采用大的面铣刀，以保证快速得到平整表面，而较少考虑加工表面的光洁程度。

在"机床"选项卡"机床类型"面板中单击"铣削"|"默认"命令，弹出"铣削刀路"选项卡。在"铣削刀路"选项卡的"2D"面板中单击"面铣"按钮，选取"面铣串连"后打开"2D 刀路–平面铣削"对话框，如图 5-1 所示。

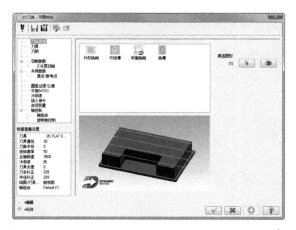

图 5-1 平面加工参数

在"2D 刀路–平面铣削"对话框中单击"切削参数"选项，显示"切削参数"选项设置面板，如图 5-2 所示。

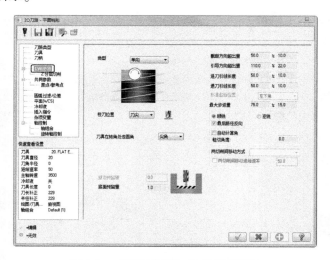

图 5-2 "切削参数"选项设置面板

在"切削参数"对话框中单击"类型"下拉列表，打开加工"类型"列表，面铣加工类型共有 4 种，如图 5-3 所示。

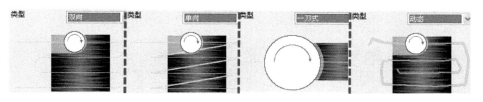

图 5-3　4 种面铣类型

这 4 种类型分别讲解如下。

- 双向：采用双向来回切削方式。
- 单向：采用单向切削方式。
- 一刀式：将工件只切削一刀即可完成切削。
- 动态：跟随工件外形进行切削。

在"切削参数"选项面板中可以设置刀具超出量选项，刀具超出量包括 4 个方面，如图 5-4 所示。

其参数含义如下。

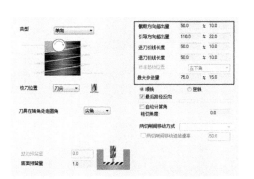

- 截断方向超出量：截断方向切削刀具路径超出面铣轮廓的量。

图 5-4　刀具超出量

- 引导方向超出量：切削方向切削刀具路径超出面铣轮廓的量。
- 进刀引线长度：面铣削导入切削刀具路径超出面铣轮廓的量。
- 退刀引线长度：面铣削导出切削刀具路径超出面铣轮廓的量。

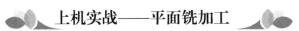

上机实战——平面铣加工

对图 5-5 所示的零件进行面铣加工，加工的刀路如图 5-6 所示。

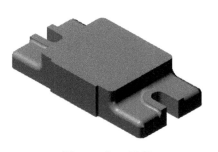

图 5-5　加工零件

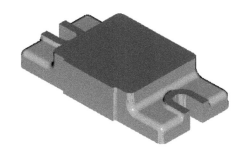

图 5-6　加工刀路

操作步骤

01 在快速访问工具栏中单击"打开"按钮 ，打开"源文件 \ Ch05 \ 5 – 1. mcam"模型文件。

02 在"铣削刀路"选项卡"2D"面板中单击"面铣"按钮 ，弹出"串连选项"对话框，选取要加工的串连，如图 5-7 所示。

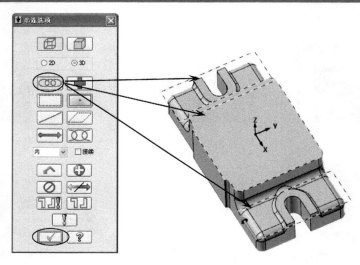

图 5-7　选取串连

03 弹出"2D刀路-平面铣削"对话框。在左侧选项列表中单击"刀具"选项，右侧显示刀具设置选项，在刀具列表空白位置单击右键，选择右键快捷菜单中的"创建新刀具"命令，如图 5-8 所示。

图 5-8　创建新刀具

04 在弹出的"定义刀具"对话框中选取刀具类型为"面铣刀"，单击"下一步"按钮，如图 5-9 所示。

图 5-9　选择刀具类型

05 在"定义刀具图形"页面中设置刀具参数，单击"下一步"按钮，如图 5-10 所示。

图 5-10　定义刀具参数

06 在"完成属性"页面中设置刀具的其他属性参数，如图 5-11 所示。单击"完成"按钮，完成刀具的定义。

图 5-11　设置刀具其他属性参数

07 在"2D 刀路-平面铣削"对话框的"切削参数"选项设置面板中设置切削参数，如图 5-12 所示。

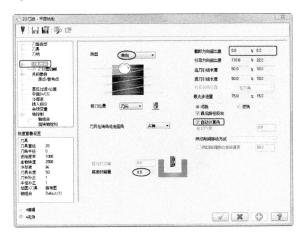

图 5-12　设置切削参数

08 在"2D 刀路-平面铣削"对话框中设置"共同参数"选项,如图 5-13 所示。

> **技术点拨**
>
> 需要同时加工多个平面时,除了约束好加工范围之外,最重要的是处理多个平面加工深度不一样的问题。本例中要加工的 3 个平面,加工的起始平面和终止平面都不同,仅加工深度一致,均为各自的起始位置往下加工 0.2mm 深度,因此,此处将加工的串连绘制在要加工的起始位置平面上,将加工的工件表面和深度值都设置成增量坐标即可解决这个问题。工件表面都是相对二维曲线距离为 0,深度都是相对工件表面往下 0.2mm,这样就解决了多平面不在同一平面的问题。

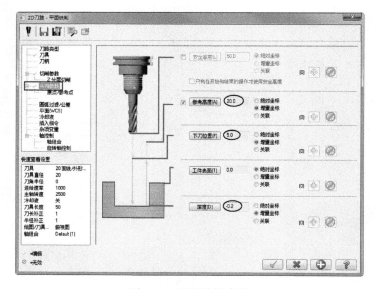

图 5-13　设置共同参数

09 单击"2D 刀路-平面铣削"对话框中的"确定"按钮，生成平面铣削刀路,如图 5-14 所示。

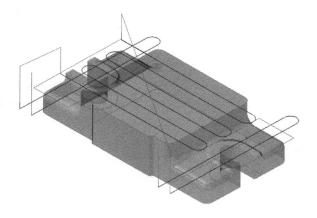

图 5-14　生成刀路

10 在"刀路"选项面板中单击"毛坯设置"选项，弹出"机床群组属性"对话框。在该对话框的"毛坯设置"选项卡中选择"实体"单选选项，单击拾取按钮 ，在绘图区中选择加工零件，单击"确定"按钮 ，完成毛坯的设置，如图5-15所示。

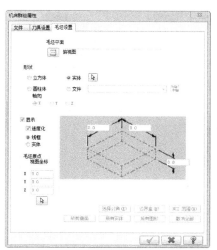
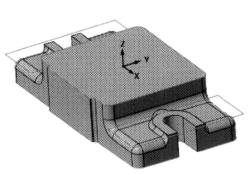

图5-15 设置毛坯

11 在"机床"选项卡"刀路模拟"面板中单击"实体仿真"按钮 ，进入到实体仿真界面中进行实体仿真，模拟结果如图5-16所示。

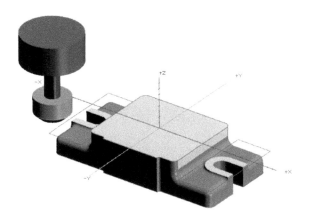

图5-16 实体仿真模拟结果

5.2 外形铣削加工

外形铣削加工是对外形轮廓进行加工，通常用于二维工件或三维工件的外形轮廓加工。外形铣削加工是二维加工还是三维加工，要取决于用户所选的外形轮廓线是二维曲线还是三维曲线。如果用户选取的曲线是二维的，外形铣削加工刀具路径就是二维的。如果用户选取的曲线是三维的，外形铣削加工刀具路径就是三维的。二维外形铣削加工刀具路径的切削深度不变，是用户设定的深度值，而三维外形铣削加工刀具路径的切削深度是随外形的位置变化而变化的。一般二维外形加工比较常用。

在"铣削刀路"选项卡"2D"面板中单击"外形"按钮，选取串连后弹出"2D 刀路 – 外形铣削"对话框，在该对话框的"切削参数"选项设置面板中，包含 5 种外形铣削方式，如图 5-17 所示。

图 5-17 外形铣削方式

外形铣削方式包括 2D、2D 倒角、斜插、残料和摆线式 5 种。其中 2D 方式主要是沿外形轮廓进行加工，可以加工凹槽，也可以加工外形凸缘，比较常用。后 4 种方式主要起到辅助作用，进行倒角或残料等加工。

下面以案例形式来介绍几种常见的外形铣削方式。

上机实战——外形铣削加工

对如图 5-18 所示的图形进行面铣加工，加工结果如图 5-19 所示。

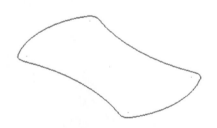

图 5-18 加工图形

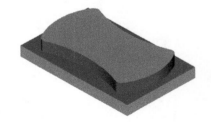

图 5-19 加工结果

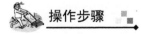
操作步骤

01 打开本例源文件 "5-2. mcam"。

02 在"2D"面板中单击"外形"按钮，弹出"串连选项"对话框，选取外形串连，方向如图 5-20 所示。

03 随后弹出"2D 刀路 – 外形铣削"对话框。在"刀具"选项设置面板中新建 R10 的平底刀，创建方法与前面创建圆鼻刀的方法是一致的，如图 5-21 所示。

04 在"2D 刀路-外形铣削"对话框的"切削参数"选项设置面板中设置切削参数，如图 5-22 所示。

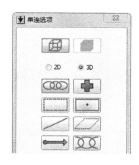 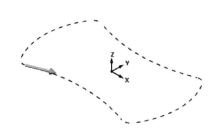

图 5-20　选取串连

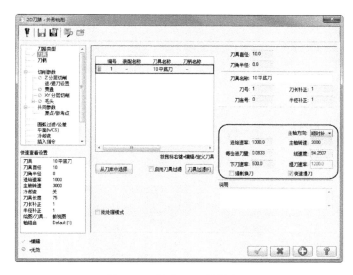

图 5-21　新建 R10 的平底刀

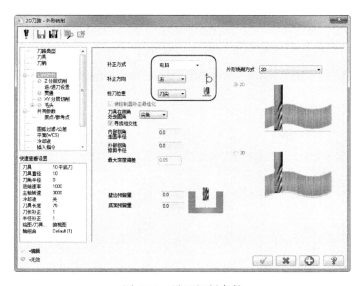

图 5-22　设置切削参数

<table>
<tr><td rowspan="2">技术
点拨</td><td>　　此处的补正方向设置要参考刚才选取的外形串联的方向和要铣削的区域，本例要铣削轮廓外的区域，补正要向外，而串连是逆时针的，所以补正方向向右，即朝外。补正方向的判断法则是：假若人面向串连方向，并沿串连方向行走，要铣削的区域在人的左手侧即向左补正，在右手侧即向右补正。</td></tr>
</table>

05 在"切削参数"下的"Z分层铣削"选项设置面板中，设置深度分层切削参数，如图5-23所示。

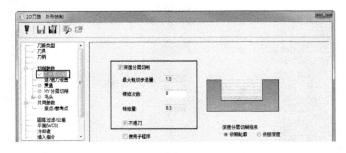

图5-23　设置深度分层切削参数

06 在"进/退刀设置"选项设置面板中设置进刀和退刀参数，如图5-24所示。

图5-24　设置进刀和退刀参数

07 在"XY分层切削"选项设置面板中设置刀具在外形上等分参数，如图5-25所示。

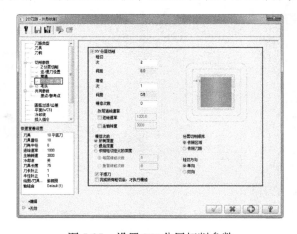

图5-25　设置XY分层切削参数

08 在"共同参数"选项设置面板中设置二维刀具路径共同的参数，如图5-26所示。

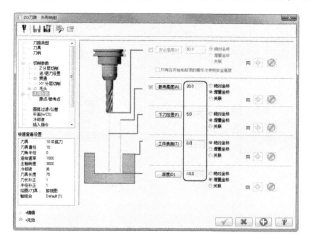

图5-26　设置共同参数

09 单击"2D刀路-外形铣削"对话框中的"确定"按钮 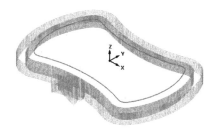，生成刀具路径，如图5-27所示。

图5-27　生成刀路

10 在"刀路"选项面板中单击"毛坯设置"选项，弹出"机床群组属性"对话框，在"毛坯设置"选项卡中定义毛坯，如图5-28所示。

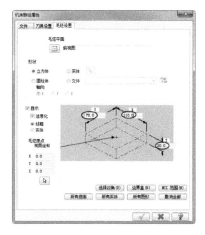

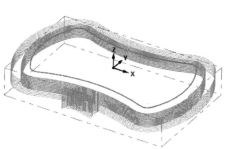

图5-28　设置毛坯

11 单击"实体仿真"按钮 ，进行实体仿真模拟，如图5-29所示。

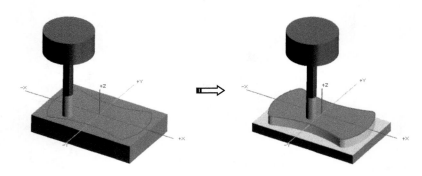

图5-29 实体仿真模拟

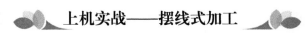 **上机实战——摆线式加工**

对如图5-30所示的图形进行面铣加工，加工结果如图5-31所示。

图5-30 加工图形

图5-31 加工结果

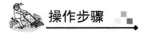 操作步骤

01 打开本例源文件"5-3.mcam"。

02 在"2D"面板中单击"外形"按钮 ，弹出"串连选项"对话框，选取外形串连后单击"确定"按钮，弹出"2D刀路-外形铣削"对话框，如图5-32所示。

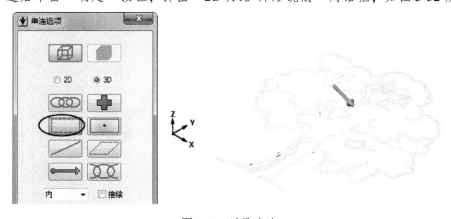

图5-32 选取串连

03 在"2D 刀路-外形铣削"对话框的"刀具"选项设置面板中新建如图 5-33 所示的球刀刀具。

> **技术点拨**　由于铣削线条比较密集，所以用小直径的球刀来加工线条，这样比较平滑。刀具过大将导致切痕过大，加工出来的线条会比较粗，线条加工出来的轨迹就不明显。

图 5-33　新建刀具

04 在"切削参数"选项设置面板中设置切削参数，如图 5-34 所示。

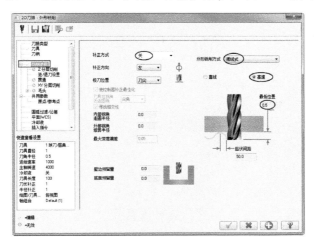

图 5-34　设置切削参数

> **技术点拨**　此处刀具沿曲线走刀加工，刀具中心不偏移，因此，无须设置补正选项，即设置补正方式为"关"。另外，为避免刀具起始和终止位置圆弧进、退刀切痕，进、退刀参数也需要关闭。

05 在"共同参数"选项设置面板中设置二维刀具路径共同的参数，如图 5-35 所示。

06 单击"2D 刀路-外形铣削"对话框中的"确定"按钮 ✅ 生成刀路，如图 5-36 所示。

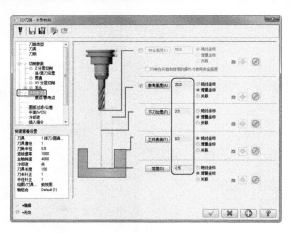

图 5-35 设置共同参数

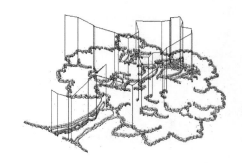

图 5-36 生成刀路

07 在"刀路"选项面板中单击"毛坯设置"选项,弹出"机床群组属性"对话框。在"毛坯设置"选项卡中设置毛坯的尺寸,如图5-37所示。

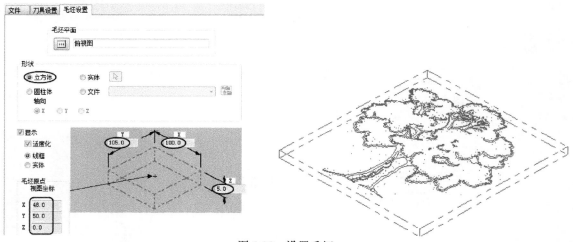

图 5-37 设置毛坯

08 单击"实体仿真"按钮，进行实体仿真模拟,如图5-38所示。

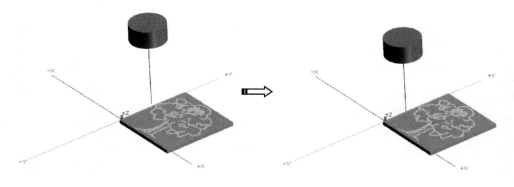

图 5-38 实体仿真模拟

5.3　2D 挖槽加工

二维挖槽加工主要用于切除封闭的或开放的外形所包围的材料（槽形）。二维挖槽加工方式有标准、平面铣、使用岛屿深度、残料和开放式挖槽 5 种类型，如图 5-39 所示。

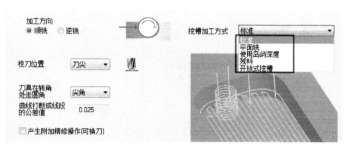

图 5-39　挖槽类型

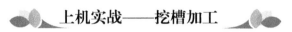

上机实战——挖槽加工

对如图 5-40 所示的图形进行面铣加工，加工结果如图 5-41 所示。

图 5-40　加工图形

图 5-41　加工结果

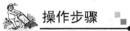
操作步骤

01　打开本例源文件 "5 – 4. mcam"。

02　在 "2D" 面板中单击 "挖槽" 按钮，弹出 "串连选项" 对话框。选取串连，方向如图 5-42 所示。

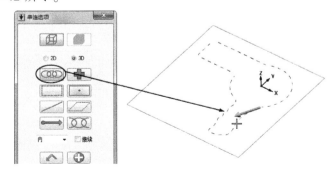

图 5-42　选取串连

03 弹出"2D刀路–2D挖槽"对话框。在对话框的"刀具"选项设置面板中新建直径为4mm的平底刀,如图5-43所示。

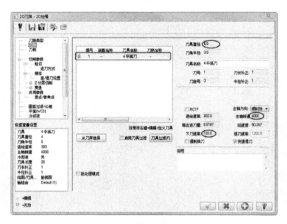

图 5-43　设置刀具参数

04 在"切削参数"选项设置面板中设置切削参数,如图5-44所示。

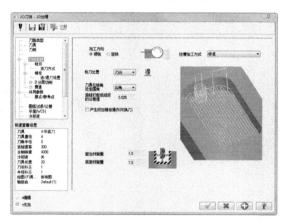

图 5-44　设置切削参数

05 在"粗切"选项设置面板中设置粗加工切削走刀方式以及刀间距等参数,如图5-45所示。

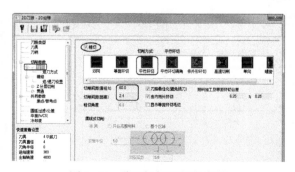

图 5-45　设置粗加工切削参数

06 在"进刀方式"选项设置面板中设置粗切削进刀参数，如图5-46所示。

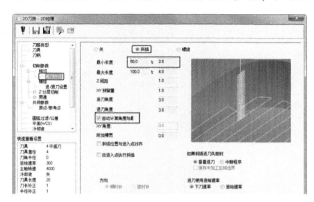

图5-46 设置进刀参数

07 在"精修"选项设置面板中设置精加工参数，如图5-47所示。

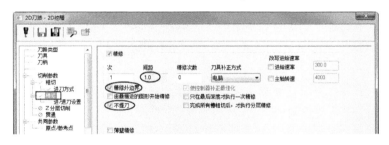

图5-47 设置精加工参数

08 在"Z分层切削"选项设置面板中设置刀具在深度方向上切削参数，如图5-48所示。

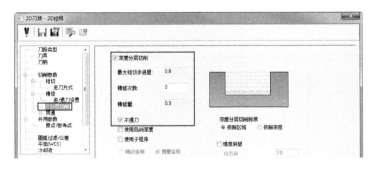

图5-48 设置Z分层切削参数

09 在"共同参数"选项设置面板中设置二维刀具路径共同的参数，如图5-49所示。

10 单击"2D刀路-2D挖槽"对话框中的"确定"按钮，自动生成刀具路径，如图5-50所示。

11 在"刀路"选项面板中单击"毛坯设置"选项，弹出"机床群组属性"对话框，在"毛坯设置"选项卡中设置毛坯尺寸，创建的毛坯如图5-51所示。

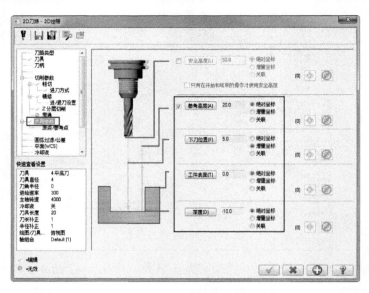

图 5-49　设置共同参数

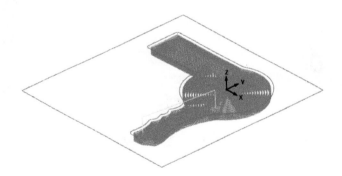

图 5-50　自动生成刀路

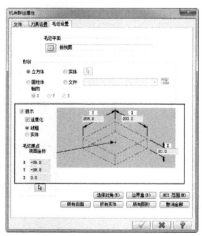

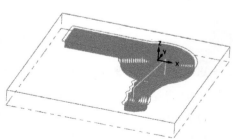

图 5-51　设置毛坯

12 单击"实体仿真"按钮 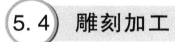，进行实体仿真模拟，如图 5-52 所示。

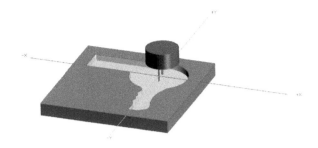

图 5-52　实体仿真模拟

5.4　雕刻加工

雕刻主要用雕刻刀具对文字及产品装饰图案进行加工，以提高产品的美观性。一般加工深度不大，但加工主轴转速比较高。此雕刻加工主要用于二维加工，加工的类型有多种，如线条雕刻加工、凸型雕刻加工、凹形雕刻加工等，根据选取的二维线条的不同会产生不同的效果。

在"铣削刀路"选项卡的"2D"面板中单击"木雕"按钮 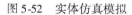，选取串连后弹出"木雕"对话框。

在"木雕"对话框中除了"刀具参数"选项卡外，还有"木雕参数"选项卡和"粗切/精修参数"选项卡，根据加工类型不同，需要设置的参数也不相同。雕刻加工的参数与挖槽非常类似，下面仅介绍不同处。雕刻加工的参数设置主要是"粗切/精修参数"选项卡中的参数，"粗切/精修参数"选项卡如图 5-53 所示。

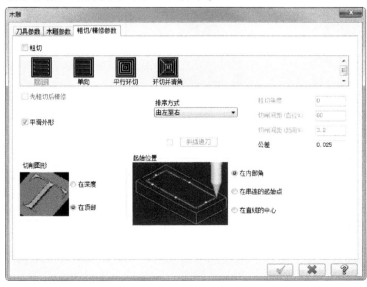

图 5-53　"粗切/精修参数"选项卡

1. 粗切

雕刻加工的粗切方式与挖槽类似，主要用于设置粗切走刀方式。粗切的走刀方式共有4种，其含义如下。

● 双向：刀具切削采用来回走刀的方式，中间不做提刀动作，如图5-54（a）所示。
● 单向：刀具只按某一方向切削到终点后抬刀返回起点，再以同样的方式进行循环，如图5-54（b）所示。
● 平行环切：刀具采用环绕的方式进行切削，如图5-54（c）所示。
● 环切并清角：刀具采用环绕并清角的方式进行切削，如图5-54（d）所示。

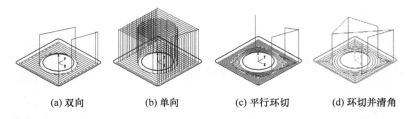

(a) 双向　　　　　(b) 单向　　　　　(c) 平行环切　　　　(d) 环切并清角

图5-54　粗切的走刀方式

2. 加工的排序方式

在"粗切/精修参数"选项卡的"排序方式"下拉列表中含有"选择排序""由上而下"和"由左至右"3种排序方式，用于设置当雕刻的曲线由多个区域组成时粗切精修的加工顺序，如图5-55所示。

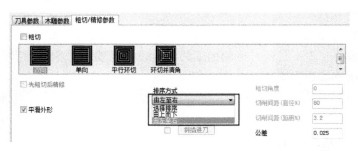

图5-55　3种排序方式

其参数含义如下。

● 选择排序：按用户选取串连的顺序进行加工。
● 由上而下：按从上往下的顺序进行加工。
● 由左至右：按从左往右的顺序进行加工。

3. 其他切削参数

雕刻加工的其他切削参数包括粗切角度、切削间距、切削图形等，下面将分别进行讲解。

（1）粗切角度

只有在粗切的方式为双向切削或单向切削时该项才被激活，在"粗切/精修参数"选项卡的"粗切角度"数值框中输入粗切角度值，即可设置雕刻加工的切削方向与X轴的夹角方向。此处默认值为0。有时为了切削效果，可将粗加工的角度和精加工角度交错开，即为粗加工设置不同的角度来达到目的。

（2）切削间距

切削间距用于设置切削路径之间的距离，避免刀具间距过大，导致刀具损伤或加工后弹出过多的残料。一般设为60%～75%，如果是V形刀，即刀具底下有效距离的60%～75%。

（3）切削图形

由于雕刻刀具采用V形刀具，加工后的图形呈现上大下小的槽形。切削图形就是用于控制刀具路径是在深度上，还是在坯料顶部采用所选串连外形的形式，也就是选择让加工结果在深度上（即底部）反映设计图形，还是在顶部反映出设计图形。其参数含义如下。

- 在深度：加工结果在加工的最后深度上与加工图形保持一致，而顶部比加工图形要大。
- 在顶部：加工结果在顶端加工出来的形状与加工图形保持一致，底部比加工图形要小。

（4）平滑外形

平滑外形是指图形中某些局部区域的折角部分不便加工，对其进行平滑化处理，使其便于刀具加工。

（5）斜插进刀

斜插进刀是指刀具在槽形工件内部采用斜向下刀的方式进刀，避免直接进刀对刀具或工件造成损伤。采用斜插进刀利于刀具平滑、顺利进入工件。

（6）起始位置

设置雕刻的刀具路径起始位置，有3种方式："在内部角""在串连的起始点"和"在直线的中心"，主要适用于雕刻线条。各参数含义如下。

- 在内部角：曲线的内部转折的角点作为起始点进刀。
- 在串连的起始点：选取的串连的起始点作为进刀点。
- 在直线的中心：直线的中点作为进刀点。

上机实战——雕刻加工

对如图5-56所示的图形进行面铣加工，加工结果如图5-57所示。

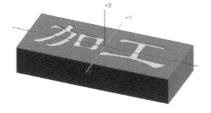

图5-56　加工图形　　　　　　　　　　图5-57　加工结果

01　打开本例源文件"5-5.mcam"。

02　在"2D"面板中单击"木雕"按钮，弹出"串连选项"对话框，选取如图5-58所示的串连。

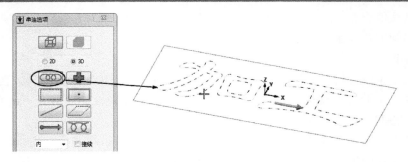

图 5-58 选取串连

03 弹出"木雕"对话框,在"刀具参数"选项卡中新建直径为 1mm 的圆鼻铣刀刀具,如图 5-59 所示。

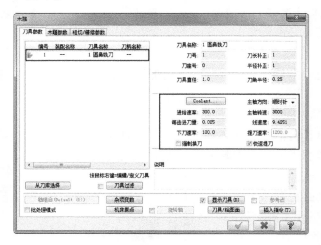

图 5-59 新建刀具

04 在"木雕参数"选项卡中设置二维共同参数,将"深度"设为 −1,单击"确定"按钮 ✓ ,完成参数设置,如图 5-60 所示。

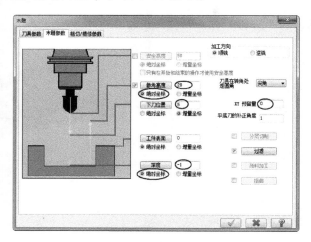

图 5-60 设置雕刻加工参数

05 在"粗切/精修参数"选项卡中设置粗切方式和精修相关参数，如图5-61所示。

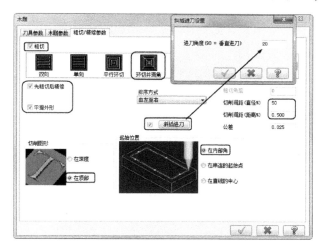

图5-61　设置粗切/精修参数

06 根据所设置的参数生成雕刻刀具路径，如图5-62所示。

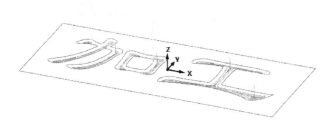

图5-62　生成刀具路径

07 在"刀路"选项面板中单击"毛坯设置"选项，弹出"机床群组属性"对话框，定义如图5-63所示的毛坯。

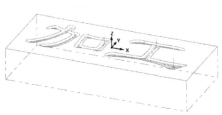

图5-63　设置毛坯

08 单击"实体仿真"按钮🖥️，进行实体仿真模拟，如图5-64所示。

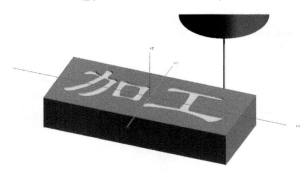

图5-64 实体模拟结果

5.5 实战案例——型腔面铣加工

对如图5-65所示的图形进行面铣加工，加工结果如图5-66所示。

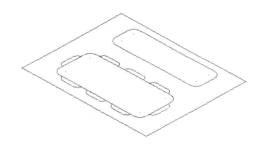

图5-65 加工图形

图5-66 加工结果

本例模型中有多个凹槽，而且槽深度不一样，槽大小也不同，所以要分开来加工。对于封闭的凹槽，可以直接采用标准挖槽。键槽形的凹槽是开放型的，因此不能采用标准挖槽，可用开放式挖槽进行加工。加工步骤如下。

- 采用D8的平底刀对70×20的凹槽进行标准挖槽加工。
- 采用D12的平底刀对70×30的凹槽进行标准挖槽加工。
- 采用D6的平底刀对键槽形的凹槽进行开放式挖槽加工。
- 实体模拟仿真加工。

5.5.1 定义刀具

操作步骤

01 打开本例源文件"5-6.mcam"。

02 在"公用"面板中单击"刀具管理"按钮🔧，弹出"刀具管理"对话框。

03 在刀具列表中单击右键并选择右键菜单中的"创建新刀具"命令，创建直径为

8mm 的平底刀。

04 同理，再依次创建其余两把平底刀刀具，如图 5-67 所示。

图 5-67　创建 3 把新刀具

5.5.2　标准挖槽加工区域一

采用 D8 的平底刀对第一个凹槽进行标准挖槽加工。

操作步骤

01 在"2D"面板中单击"挖槽"按钮，弹出"串连选项"对话框，选取串连，方向如图 5-68 所示。

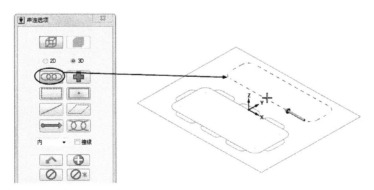

图 5-68　选取串连

02 弹出"2D 刀路-2D 挖槽"对话框。在"刀具"选项设置面板中，选择编号为 1 的刀具并设置相关切削参数，如图 5-69 所示。

03 在"切削参数"选项设置面板中设置切削预留量参数，如图 5-70 所示。

04 在"粗切"选项设置面板中设置粗切削走刀方式以及刀间距等参数，如图 5-71 所示。

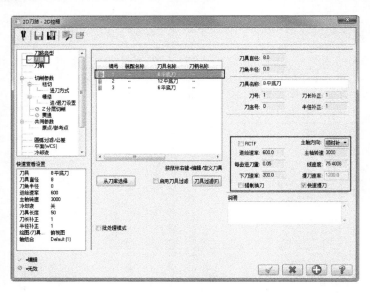

图 5-69　选择加工刀具

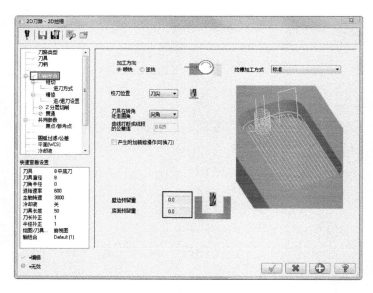

图 5-70　设置切削参数

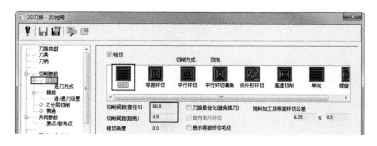

图 5-71　粗加工切削参数

05 在"进刀方式"选项设置面板中设置粗切削进刀方式及相关参数，如图5-72所示。

图5-72 设置进刀方式

06 在"精修"选项设置面板中设置精加工参数，如图5-73所示。

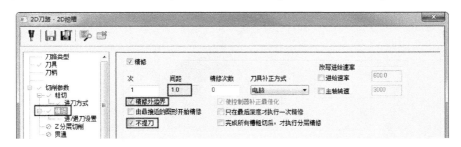

图5-73 设置精加工参数

07 在"Z分层切削"选项设置面板中设置刀具在深度方向上切削参数，如图5-74所示。

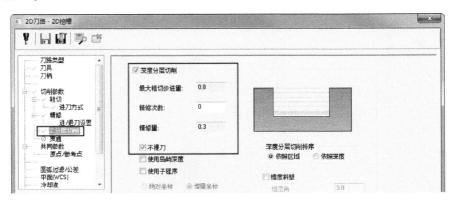

图5-74 设置分层切削参数

08 在"共同参数"选项设置面板中设置二维刀具路径共同的参数，如图5-75所示。

09 根据所设参数，生成刀具路径，如图5-76所示。

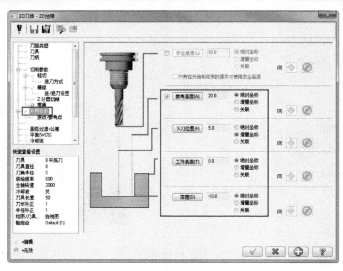

图 5-75　设置共同参数

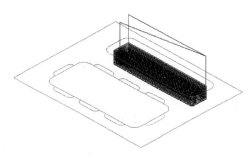

图 5-76　生成刀路

5.5.3　标准挖槽加工区域二

采用 D12 的平底刀对第二个凹槽进行标准挖槽加工。

操作步骤

01 在"2D"面板中单击"挖槽"按钮，弹出"串连选项"对话框，选取串连，方向如图 5-77 所示。

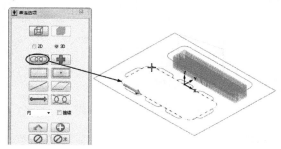

图 5-77　选取串连

02 弹出"2D刀路–2D挖槽"对话框，在"刀具"选项设置面板中选择编号为2的平底刀刀具，并设置刀具切削参数，如图5-78所示。

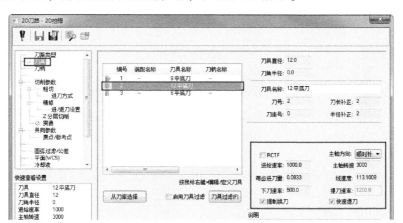

图5-78　选择刀具并设置相关参数

03 在"切削参数""粗切""进刀方式""精修""Z分层切削""共同参数"等选项设置面板中，设置与前一个凹槽完全相同的切削参数，这里就不赘述了。

04 根据所设参数，生成刀具路径，如图5-79所示。

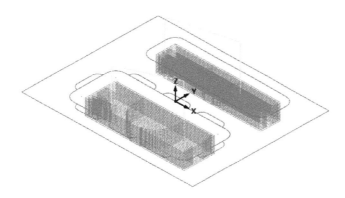

图5-79　生成刀路

5.5.4　开放式挖槽加工

采用D6的平底刀对键槽形的凹槽进行开放式挖槽加工。

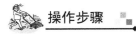 操作步骤

01 在"2D"面板中单击"挖槽"按钮 ⬜，弹出"串连选项"对话框，选取串连，方向如图5-80所示。

02 弹出"2D刀路-2D挖槽"对话框。在"刀具"选项设置面板中，选择编号为3的平底刀，并设置相关参数，如图5-81所示。

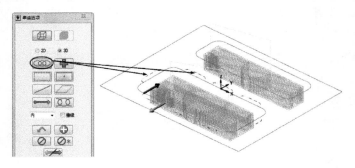

图 5-80　选取串连

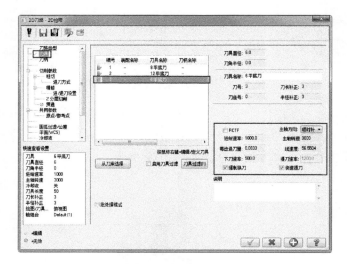

图 5-81　选择刀具

03　在"切削参数"选项设置面板中设置切削相关参数，如图 5-82 所示。

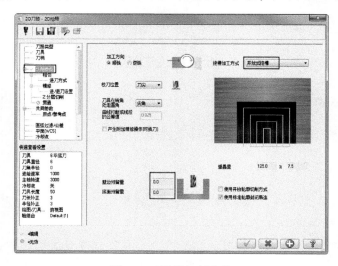

图 5-82　设置切削参数

04 在"粗切"选项设置面板中保留默认选项设置。

05 在"进刀方式"选项设置面板中关闭进刀模式，如图5-83所示。

图5-83 关闭进刀模式

06 在"精修"选项设置面板中设置精加工参数，如图5-84所示。

图5-84 设置精加工参数

07 在"Z分层切削"选项设置面板中设置刀具在深度方向上的切削参数，如图5-85所示。

图5-85 设置分层切削参数

08 在"共同参数"选项设置面板中设置与标准挖槽相同的参数。

09 根据所设置的参数，生成刀具路径，如图5-86所示。

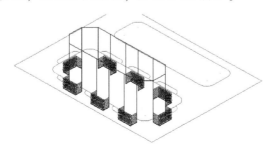

图5-86 生成刀路

5.5.5 模拟仿真

刀具路径全部编制完毕后，为刀具路径设置毛坯并进行模拟，检查是否有刀路弹出问题。下面将讲解毛坯的设置和模拟加工操作。

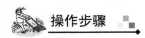 操作步骤

01 在"刀路"选项面板中单击"毛坯设置"选项，弹出"机床群组属性"对话框，在"毛坯设置"选项卡中设置毛坯，如图5-87所示，单击"确定"按钮 ，完成参数设置。

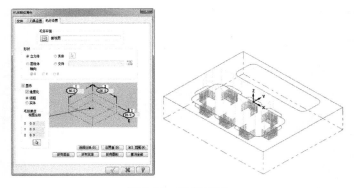

图5-87　设置毛坯

02 单击"实体仿真"按钮 ，进行实体仿真模拟，如图5-88所示。

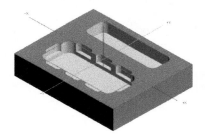

图5-88　实体模拟

5.6　课后习题

对如图5-89所示的文字进行雕刻加工，加工出文字线条。

图5-89　雕刻

第6章

3D 铣削加工案例

　　Mastercam 2018 提供了多种零件三轴铣削加工方式来进行切削。3D 铣削加工实际上就是对零件的外形轮廓进行切削的加工方式，零件的外形不外乎两种：一种是平面外形，另一种是曲面外形。在平面及曲面外形加工中使用 3 轴数控机床的加工称为固定轴（"3D"或"3 轴"）轮廓铣削加工，在曲面外形加工中使用三轴以上数控机床的加工称为可变轴（多轴）轮廓铣削加工。本章重点介绍平面外形的 3D 轮廓铣削加工。

案例展现
ANLIZHANXIAN

案 例 图	描　述	案 例 图	描　述
	平行粗切的刀具沿指定的进给方向进行切削，生成的刀路相互平行		投影粗切将已经存在的刀路或几何图形投影到曲面上产生刀路
	残料粗切可以侦测先前曲面粗切刀路留下来的残料，并用等高加工方式铣削残料		挖槽粗切将工件在同一高度上进行等分后产生分层铣削的刀路
	钻削式加工使用类似钻孔的方式，快速对工件做粗切		放射状精加工产生从一点向四周发散或者从四周向中心集中的精加工刀路
	等高外形精加工在工件上产生沿等高线分布的刀路		熔接精加工将两条曲线内形成的刀路投影到曲面上形成精加工刀路

6.1 3D 粗切

3D 轮廓铣削与 2D 平面铣削的加工过程是相同的，切削参数的设置方法也是相同的。在 Mastercam 2018 中，3D 轮廓铣削加工方式包括粗切和精切两种，其刀路创建所使用的工具命令如图 6-1 所示。

鉴于本章篇幅限制，本节仅介绍几种常用的铣削刀路创建方式。

图 6-1 粗切刀路的工具命令

> **技术点拨** Mastercam 粗切和精加工的工具命令可相互通用，也就是说，使用粗切工具命令可以进行粗切切削也可以进行精加工切削。

6.1.1 平行粗切

平行粗切是一种最通用、简单和有效的加工方法。平行粗切的刀具沿指定的进给方向进行切削，生成的刀路相互平行。平行粗切刀路比较适合于加工凸台或凹槽不多或相对比较平坦的曲面。

上机实战——平行粗切

采用平行粗切方式对图 6-2 所示的图形进行铣削加工，铣削加工结果如图 6-3 所示。

图 6-2 加工图形

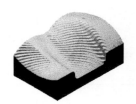

图 6-3 加工结果

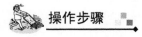

操作步骤

01 打开源文件"6-1.mcam"。

02 在"铣削刀路"选项卡"3D"面板"粗切"组中单击"平行"按钮，弹出"选择工件形状"对话框。保持默认的"未定义"选项，单击"确定"按钮，双击选取零件，如图 6-4 所示。

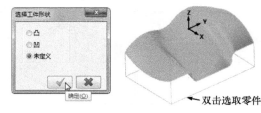

图 6-4 选取工件形状

03 弹出"刀路曲面选择"对话框，选取加工面和切削范围，如图6-5所示。完成后单击"确定"按钮 。

04 弹出"曲面粗切平行"对话框，新建一把直径为 10mm、圆角为 1mm、刀长 50mm 的圆鼻刀，如图6-6所示。

05 在"曲面粗切平行"对话框的"曲面参数"选项卡中，设置曲面相关参数（由于这里不做精加工，所以预留量暂时不设置，等到后面精加工时再设置），如图6-7所示。

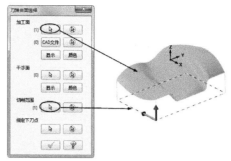

图6-5　选取加工面和切削范围

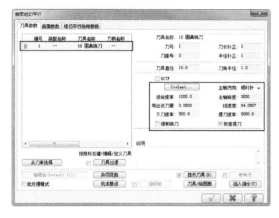

图6-6　新建刀具

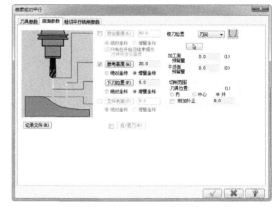

图6-7　设置曲面参数

06 在"曲面粗切平行"对话框的"粗切平行铣削参数"选项卡中设置平行粗切参数，如图6-8所示。

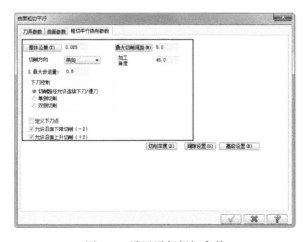

图6-8　设置平行粗切参数

07 在"粗切平行铣削参数"选项卡中单击 切削深度 按钮，设定第一层切削深度和最后一层的切削深度，如图6-9所示。

08 在"粗切平行铣削参数"选项卡中单击 间隙设置(G) 按钮，设置刀路在遇到间隙时的处理方式，如图6-10所示。

图6-9 设置切削深度

图6-10 间隙设置

09 单击"曲面粗切平面"对话框中的"确定"按钮 ✓ ，生成平行粗切刀路，如图6-11所示。

技术点拨	平行铣削加工的缺点是在比较陡的斜面会留下梯田状残料，而且残料比较多。另外，平行铣削加工提刀次数特别多，对于凸起多的工件更明显，而且只能直线下刀，对刀具不利。

10 单击"实体仿真" ⬛ 按钮进行模拟，模拟结果如图6-12所示。

技术点拨	如果用户不自定义毛坯，系统会自动创建用于实体模拟的毛坯。

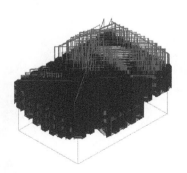

图6-11 生成平行粗切刀路

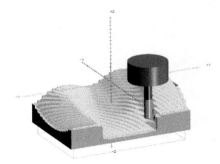

图6-12 实体模拟

6.1.2 投影粗切

投影粗切将已经存在的刀路或几何图形投影到曲面上产生刀路。投影加工的类型有：曲线投影、NCI 文件投影加工和点集投影。

上机实战——投影粗切

将如图 6-13 所示的曲线投影到曲面上形成刀路，加工结果如图 6-14 所示。

图 6-13　粗切投影　　　　　　　　　图 6-14　投影加工结果

 操作步骤

01　打开源文件"6-2.mcam"。

02　在"铣削刀路"选项卡"3D"面板"粗切"组中单击"投影"按钮 ，弹出"选择工件形状"对话框，选择工件形状为"凸"，再选择曲面作为零件加工曲面，如图 6-15 所示。

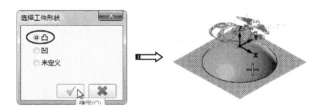

图 6-15　选取工件形状

03　弹出"刀路曲面选择"对话框。由于工件形状为 2 个曲面，包含了加工面信息和切削范围，所以无须再选选取加工面和切削范围。

04　在"选择曲线"选项组中单击"选择"按钮 ，弹出"串连选项"对话框，接着采用框选的方式，选取所有曲线，如图 6-16 所示。

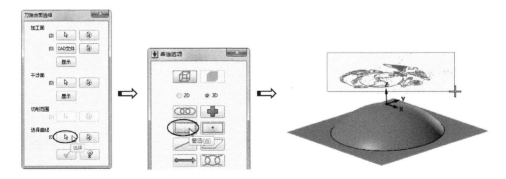

图 6-16　选择投影曲线

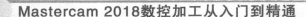
05 在弹出的"曲面粗切投影"对话框中已经存在两把刀具，分别为平面切削的粗切刀具和曲面粗切的刀具，本例是切削投影的图案，需新建一把直径为 1mm 的球头铣刀刀具，如图 6-17 所示。

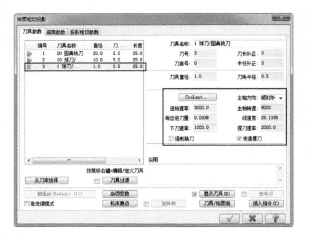

图 6-17　新建球刀

06 在"曲面粗切投影"对话框的"曲面参数"选项卡中设置曲面相关参数，如图 6-18 所示。

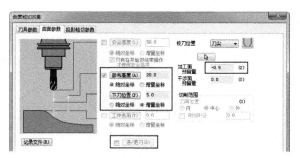

图 6-18　设置曲面参数

07 在"投影粗切参数"选项卡中设置投影粗切参数，如图 6-19 所示。

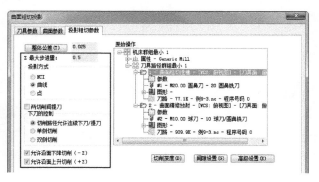

图 6-19　设置投影粗切参数

08 在"投影粗切参数"选项卡中单击 切削深度 按钮,在弹出的"切削深度设置"对话框中设定第一层切削深度和最后一层的切削深度,如图6-20所示。

09 在"投影粗切参数"选项卡中单击 间隙设置(G) 按钮,在弹出的"刀路间隙设置"对话框中设置刀路在遇到间隙时的处理方式,如图6-21所示。

图6-20 设置切削深度

图6-21 间隙设置

10 单击"曲面粗切投影"对话框中的"确定"按钮 ✔,生成放射状粗切刀路,如图6-22所示。

11 单击"实体仿真"按钮,进行实体模拟,模拟结果如图6-23所示。

> **技术点拨**　　投影粗切利用曲线、点或NCI文件投影到曲面上产生投影加工刀路,这3种类型的投影加工中,曲线投影用得最多,常用于曲面上的文字加工、商标加工等。

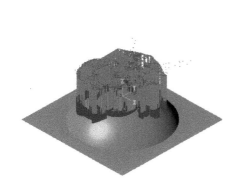

图6-22 投影粗切刀路

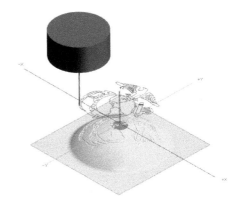

图6-23 实体模拟结果

6.1.3 挖槽粗切

挖槽粗切将工件在同一高度上进行等分后产生分层铣削的刀路,即在同一高度上完成所有的加工后再进行下一个高度的加工。这种加工方式在每一层上的走刀方式与二维挖槽类似。挖槽粗切在实际粗切过程中使用频率最多，所以也称为"万能粗切"，绝大多数的工件都可以利用挖槽来进行开粗。挖槽粗切提供了多样化的刀路、多种下刀方式，是粗切中最为重要的刀路。

上机实战——挖槽粗切

对如图 6-24 所示的图形进行挖槽粗切，加工结果如图 6-25 所示。

图 6-24　挖槽图形

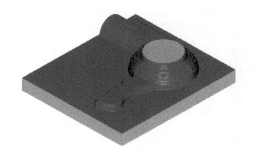
图 6-25　挖槽加工结果

操作步骤

01 打开源文件"6 – 3. mcam"。

02 在"铣削刀路"选项卡"3D"面板"粗切"组中单击"挖槽"按钮🔲，选取所有曲面作为工件形状后弹出"刀路曲面选择"对话框，无须选取加工面（工件形状曲面），选取作为切削范围的曲面边界，如图 6-26 所示。

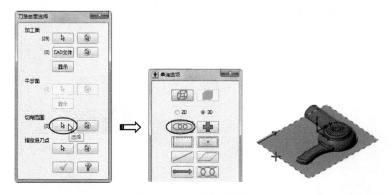
图 6-26　选取切削范围

03 单击"刀路曲面选择"对话框中的"确定"按钮 ✔️，弹出"曲面粗切挖槽"对话框，新建一把直径为 10mm、刀具底面圆角半径为 1mm 的圆鼻刀，如图 6-27 所示。

04 在"曲面粗切挖槽"对话框的"曲面参数"选项卡中设置曲面相关参数，如图 6-28 所示。

05 在"曲面粗切挖槽"对话框的"粗切参数"选项卡中设置挖槽粗切参数，如图 6-29 所示。

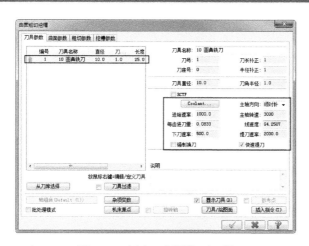

图 6-27　新建一把圆鼻刀刀具

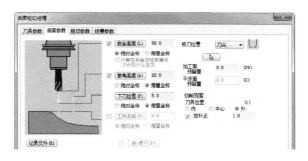

图 6-28　设置曲面参数

图 6-29　设置挖槽粗切参数

06　在"粗切参数"选项卡中单击 切削深度 按钮，设定第一层切削深度和最后一层的切削深度，如图 6-30 所示。

07　单击 间隙设置(G) 按钮，弹出"刀路间隙设置"对话框，设置刀路在遇到间隙时的处理方式，如图 6-31 所示。

图 6-30　设置切削深度

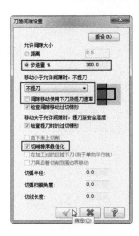

图 6-31　间隙设置

08 在"曲面粗切挖槽"对话框的"挖槽参数"选项卡中设置挖槽参数，如图 6-32 所示。

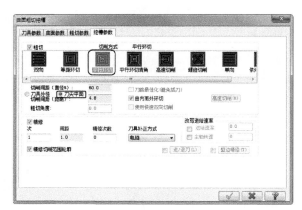

图 6-32　设置挖槽参数

09 单击"曲面粗切挖槽"对话框中的"确定"按钮，生成挖槽粗切刀路，如图 6-33 所示。

10 在"刀路"对话框中单击"毛坯设置"选项，在弹出的"机床群组属性"对话框中定义毛坯，如图 6-34 所示。

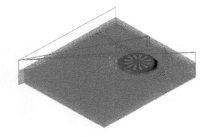

图 6-33　生成挖槽粗切刀路

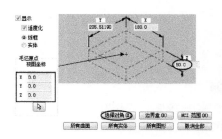

图 6-34　定义毛坯

11　单击"实体仿真"按钮 进行模拟，模拟结果如图 6-35 所示。

> | 技术
点拨 | 　　挖槽粗切适合于凹槽形的工件和凸形工件，提供了多种下刀方式。一般凹槽形工件采用斜插式下刀，要注意内部空间不能太小，避免下刀失败。凸形工件通常采用切削范围外下刀，这样刀具会更加安全。 |
> | --- | --- |

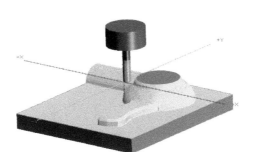

图 6-35　实体模拟

6.1.4　残料粗切

残料粗切可以侦测先前曲面粗切刀路留下来的残料，并用等高加工方式铣削残料。残料加工主要用于二次开粗。

在 Mastercam 2018 界面中可将残料粗切的工具命令调出来。在功能区的空白位置单击右键，选择右键菜单中的"自定义功能区"命令，弹出"选项"对话框。按如图 6-36 所示的步骤添加命令到新建的"铣削刀路"选项卡"新工具命令"面板中。

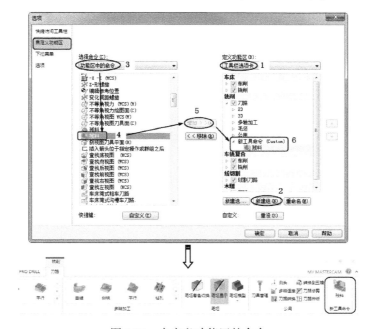

图 6-36　自定义功能区的命令

上机实战——残料粗切

对如图6-37所示的挖槽结果进行残料粗切，加工结果如图6-38所示。

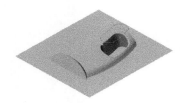

图 6-37　挖槽结果

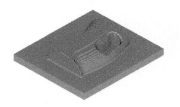

图 6-38　残料加工结果

操作步骤

01　打开本例源文件"6-4. mcam"。

02　在"新工具命令"面板中单击"残料"按钮，选取作为工件形状参考的所有曲面后弹出"刀路曲面选择"对话框。加工面已经被选取，选取定义切削范围的曲线，如图6-39所示。

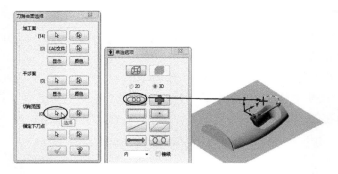

图 6-39　选取切削范围

03　在弹出的"曲面残料粗切"对话框中新建一把D3R0.5（直径为3mm、底部圆角半径为0.5mm）圆鼻刀，如图6-40所示。

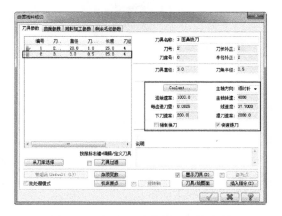

图 6-40　新建刀具并设置相关参数

04 在"曲面残料粗切"对话框的"曲面参数"选项卡中设置曲面相关参数，如图 6-41 所示。

05 在"曲面残料粗切"对话框的"残料加工参数"选项卡中设置残料加工相关参数，如图 6-42 所示。

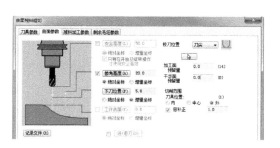

图 6-41 设置曲面参数

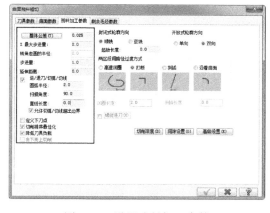

图 6-42 设置残料加工参数

06 在"残料加工参数"选项卡中单击 切削深度 按钮，设定第一层切削深度和最后一层的切削深度，如图 6-43 所示。

07 在"残料加工参数"选项卡中单击 间隙设置(G) 按钮，弹出"刀路间隙设置"对话框，设置刀路在遇到间隙时的处理方式，如图 6-44 所示。

图 6-43 设置切削深度

图 6-44 间隙设置

08 在"剩余毛坯参数"选项卡中设置残料加工剩余材料的计算依据，如图 6-45 所示。

图 6-45 设置剩余毛坯参数

09 单击"确定"按钮 ✔，生成残料加工刀路，如图 6-46 所示。

10 单击"实体仿真"按钮 ☑ 进行模拟，模拟结果如图 6-47 所示。

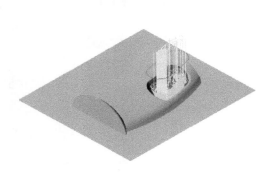

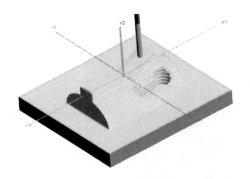

图 6-46　生成残料刀路　　　　　　　　　　　图 6-47　模拟结果

> **技术
> 点拨**　　　加工过程中通常采用大直径刀具进行开粗，快速去除大部分残料，再采用残料粗切进行二次开粗，对大直径刀具无法加工到的区域进行再加工，这样有利于提高效率、节约成本。

6.1.5　钻削式粗切

钻削式加工采用类似钻孔的方式，快速对工件做粗切。这种加工方式有专用刀具，刀具中心有冷却液的出水孔，以供钻削时顺利排屑，适合于比较深的工件的加工。

🌼 上机实战——钻削式粗切 🌼

对如图 6-48 所示的图形进行钻削式粗切，加工结果如图 6-49 所示。

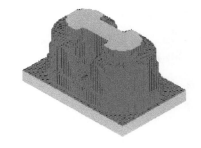

图 6-48　钻削粗切图形　　　　　　　　　　　图 6-49　加工结果

 操作步骤 ▪️

01 打开源文件"6－5.mcam"。

02 在"铣削刀路"选项卡"3D"面板"粗切"组中单击"钻削"按钮 ⛏，选择左右曲面作为工件形状曲面后弹出"刀路曲面选择"对话框，再选取网格点，选取

左下角点和右上角点，如图 6-50 所示。单击"确定"按钮 ，完成选取。

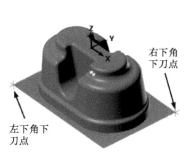

图 6-50　选取网格点

03 在弹出的"曲面粗切钻削"对话框"刀具参数"选项卡中新建 D10 的平底刀，如图 6-51 所示。

图 6-51　新建刀具

04 在"曲面粗切钻削"对话框的"钻削式粗切参数"选项卡中，设置钻削式粗切参数，如图 6-52 所示。

图 6-52　设置粗切参数

05 单击 切削深度 按钮，弹出"切削深度设置"对话框。设定第一层切削深度和最后一层的切削深度，如图 6-53 所示。

06 参数设置完毕后，单击"确定"按钮 ✔ ，生成钻削式粗切刀路，如图 6-54 所示。

图 6-53　设置切削深度

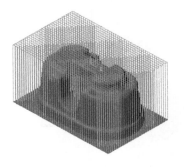

图 6-54　生成钻削式加工路径

07 单击"实体仿真"按钮进行模拟，模拟结果如图 6-55 所示。

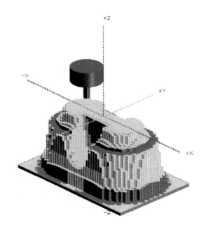

图 6-55　模拟结果

| 技术点拨 | 插削粗切使用类似于钻头的专用刀具采用钻削的方式进行加工，用于切削深腔工件，需要大批量去除材料，加工效率高，去除材料快，切削量大，对机床刚性要求非常高。一般情况下不建议采用此刀轨加工。 |

6.2 3D 精切

3D 精切是在粗切完成后对零件的最终切削，各项切削参数都比粗切精细得多。3D 精加工的工具命令如图 6-56 所示。

本节仅介绍常见的精切方式。

图 6-56 3D 精加工的工具命令

6.2.1 放射状精加工

放射状精加工主要用于类似回转体工件的加工，产生从一点向四周发散或者从四周向中心集中的精加工刀路。值得注意的是，这种方式的边缘加工效果不太好，但中心加工效果比较好。

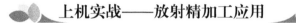

上机实战——放射精加工应用

对如图 6-57 所示的图形进行放射精加工，加工结果如图 6-58 所示。

图 6-57 放射加工图形

图 6-58 放射精加工结果

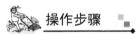 **操作步骤**

01 打开源文件 "6－6. mcam"。

02 在"铣削刀路"选项卡"3D"面板"精切"组中的"放射"按钮，弹出"高速曲面刀路－放射"对话框。在"模型图形"选项设置面板的"加工图形"选项组中单击"选择图形"按钮，然后选取所有曲面，如图 6-59 所示。

图 6-59 选取加工图形

03 在"刀路控制"选项设置面板中单击"切削范围"按钮 ，然后选取曲面边缘曲线作为切削范围，如图6-60所示。

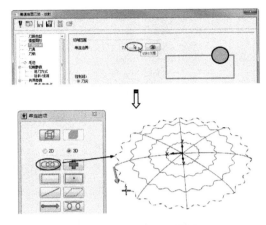

图6-60 选择切削范围

04 在"刀具"选项设置面板中新建直径为6mm的球刀，如图6-61所示。

图6-61 新建刀具

05 在"毛坯"选项设置面板中设置毛坯，如图6-62所示。

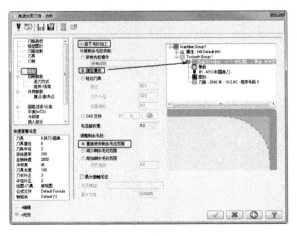

图6-62 设置毛坯

06 在"切削参数"选项设置面板中设置切削参数，如图 6-63 所示。

图 6-63 设置切削参数

07 在"陡斜/浅滩"选项设置面板中设置陡斜参数，如图 6-64 所示。

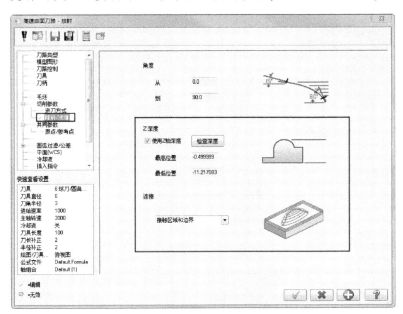

图 6-64 设置陡斜参数

08 在"共同参数"选项设置面板中设置共同参数，如图 6-65 所示。

09 单击"高速曲面刀路 – 放射"对话框中的"确定"按钮，生成放射状精加工刀路，如图 6-66 所示。

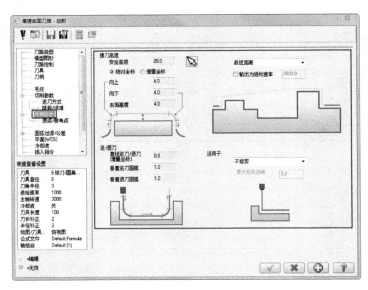

图 6-65　设置共同参数

10　单击"实体仿真"按钮进行实体模拟，模拟结果如图 6-67 所示。

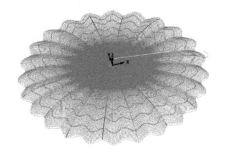

图 6-66　生成刀路

图 6-67　模拟结果

技术点拨	放射精加工产生径向发散式刀轨，适用于回转体表面的加工，由于放射精加工存在中心密四周梳的特点，因此一般工件不适合采用此加工方式。

6.2.2　曲面流线精加工

　　曲面流线精加工沿着曲面的流线产生相互平行的刀路，选择的曲面最好不要相交，且流线方向相同，这样刀路不产生冲突，才可以产生流线精加工刀路。曲面流线方向一般有两个，且两个方向相互垂直，所以流线精加工刀路也有两个方向，可产生曲面引导方向或截断方向加工刀路。

上机实战——曲面流线精加工应用

　　对如图 6-68 所示的图形进行流线精加工，结果如图 6-69 所示。

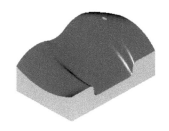

图 6-68 流线精加工图形　　　　　　　　图 6-69 流线加工加工

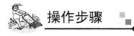 操作步骤

01 打开本例源文件"6 – 7. mcam"。

02 在"铣削刀路"选项卡"3D"面板"精切"组中的"流线"按钮，选取刀路曲面后弹出"刀路曲面选择"对话框。单击"流线参数"按钮，弹出"曲面流线设置"对话框，保留默认的曲面流线设置，单击"确定"按钮，如图 6-70 所示。

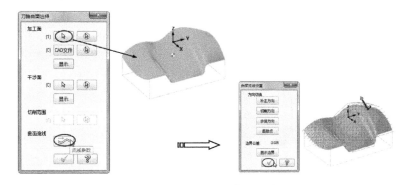

图 6-70 选取加工面和曲面流线设置

03 在弹出"曲面精修流线"对话框的"刀具参数"选项卡中新建一把直径为 10mm 的球头铣刀，如图 6-71 所示。

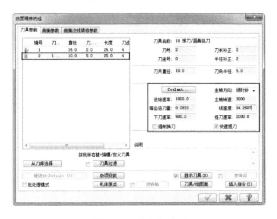

图 6-71 新建刀具

04 在"曲面精修流线"对话框的"曲面流线精修参数"选项卡中设置流线精加工专用参数，如图6-72所示。

图6-72 设置曲面流线精加工参数

05 单击 间隙设置(G) 按钮，弹出"刀路间隙设置"对话框，该对话框用于设置间隙的控制方式，如图6-73所示。

06 根据用户所设置的精修参数生成流线精加工刀路，如图6-74所示。

图6-73 设置刀路间隙

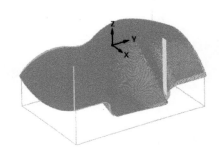

图6-74 生成流线刀路

07 单击"实体仿真"按钮 ，进行实体模拟，结果如图6-75所示。

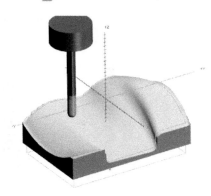

图6-75 模拟结果

技术 点拨	曲面流线加工主要用于单个流线特征比较规律的曲面精加工，对于比较复杂的曲面，此刀轨并不适合。

6.2.3　等高外形精加工

等高外形精加工适用于陡斜面加工，在工件上产生沿等高线分布的刀路，相当于将工件沿 Z 轴进行等分。等高外形除了可以沿 Z 轴等分外，还可以沿外形等分。

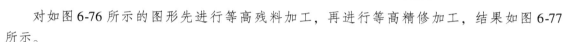

上机实战——等高外形精加工应用

对如图 6-76 所示的图形先进行等高残料加工，再进行等高精修加工，结果如图 6-77 所示。

图 6-76　等高外形加工图形

图 6-77　加工结果

操作步骤

01　打开本例源文件"6 – 8. mcam"。

02　在"铣削刀路"选项卡"3D"面板"精切"组中单击"等高"按钮▥，弹出"高速曲面刀路 – 等高"对话框。

03　在"模型图形"选项设置面板的"加工图形"选项组中单击"选择图形"按钮▯，然后选取所有的实体图形，如图 6-78 所示。

04　在"刀路控制"选项设置面板中单击"切削范围"按钮▯，然后选取串连，如图 6-79 所示。

图 6-78　选取加工图形

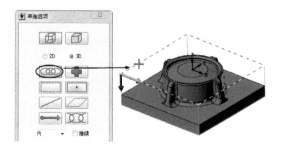

图 6-79　选取切削范围的串连

05　在"刀具"选项设置面板中新建一把 D6 的球刀，如图 6-80 所示。

06　在"毛坯"选项设置面板中定义毛坯，如图 6-81 所示。

图 6-80　新建刀具

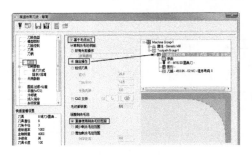

图 6-81　定义加工毛坯

07 在"陡斜/浅滩"选项设置面板中定义切削参数，如图 6-82 所示。

08 在"共同参数"选项设置面板中定义共同参数，如图 6-83 所示。

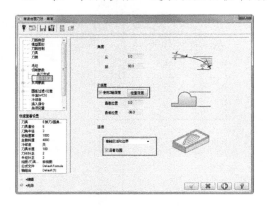

图 6-82　设置陡斜参数

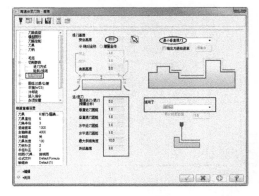

图 6-83　设置共同参数

09 单击对话框中的"确定"按钮 ，生成等高外形精加工刀路，如图 6-84 所示。

10 进行实体模拟仿真，结果如图 6-85 所示。

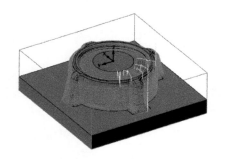

图 6-84　生成加工刀路

图 6-85　实体模拟

11 单击"传统等高"按钮 ，按信息提示选择零件图形作为加工对象，随后弹出 "刀路曲面选择"对话框，然后单击"切削范围"选项组中的"选择"按钮 ， 选取切削范围的串连，如图 6-86 所示。

12 选取切削范围后弹出"曲面精修等高"对话框。在"刀具参数"选项卡中选择等 高残料加工的刀具作为等高精修加工的刀具。

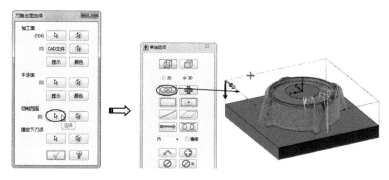

图 6-86　选取加工曲面和切削范围

13 在"曲面参数"选项卡中设置曲面相关参数，如图 6-87 所示。

14 在"等高精修参数"选项卡中设置等高外形精加工专用参数，如图 6-88 所示。

图 6-87　设置曲面加工参数

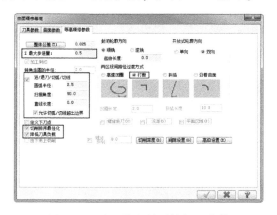

图 6-88　设置等高外形精加工参数

15 单击 切削深度 按钮，设置切削深度，如图 6-89 所示。

16 单击 间隙设置(G) 按钮，设置间隙的控制方式，如图 6-90 所示。

图 6-89　设置切削深度

图 6-90　间隙设置

17 勾选"平面区域"复选框并单击亮显的 平面区域 按钮，弹出"平面区域加工设置"
对话框，该对话框用于设置曲面中的平面区域加工刀路，如图 6-91 所示。

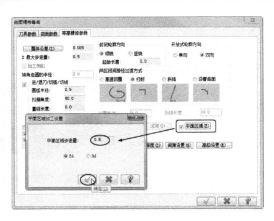

图 6-91　设置平面区域

18　单击"确定"按钮 ☑️，生成等高外形精加工刀具路径，如图 6-92 所示。

19　定义用于实体模拟的毛坯，如图 6-93 所示。

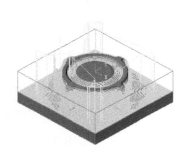

图 6-92　生成精加工刀路

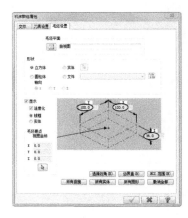

图 6-93　设置坯料

20　单击"实体仿真"按钮 🖥️，进行实体模拟仿真，模拟结果如图 6-94 所示。

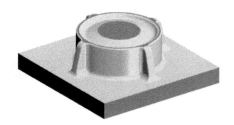

图 6-94　模拟结果

技术 点拨	等高外形通常做半精加工，主要对侧壁或者比较陡的曲面做去材料加工，不适用于浅曲面加工。刀轨在陡斜面和浅平面的加工密度不一样，曲面越陡，刀轨越密，加工效果越好。

6.2.4　残料清角精加工

残料清角精加工是对先前的操作或大直径刀具所留下来的残料进行的加工。残料清角精加工主要用于清除局部地方过多的残料区域，使残料均匀，避免精加工刀具接触过多的残料撞刀，为后续的精加工做准备。

上机实战——残料清角精加工应用

对如图 6-95 所示的图形进行残料清角精加工，结果如图 6-96 所示。

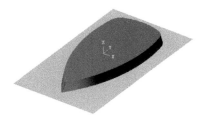

图 6-95　残料清角精加工图形

图 6-96　残料清角加工结果

在进行残料清角精加工前，需要自定义功能区的命令，将"精修清角加工"命令调出来，如图 6-97 所示。

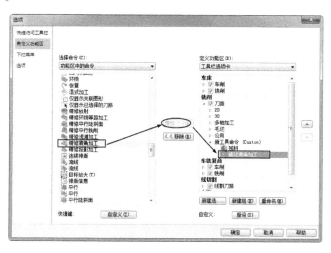

图 6-97　调出"精修清角加工"命令

操作步骤

01　打开本例源文件"6 – 9. mcam"。

02　在"新工具命令"面板中单击"精修清角加工"按钮💷，按提示信息选取所有曲面作为加工曲面，随后弹出"刀路曲面选择"对话框。

03　单击"切削范围"选项组中的"选择"按钮　🔓　，然后选取切削范围的串连，如

图 6-98 所示。

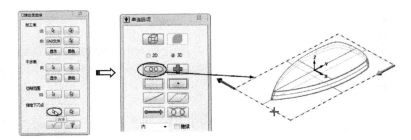

图 6-98　选取切削范围串连

04　单击"刀路曲面选择"对话框中的"确定"按钮 ，弹出"曲面精修清角"对话框。

05　在"刀具参数"选项卡中新建 D10R1（直径为 10mm、底面圆角半径为 1mm）的圆鼻刀，如图 6-99 所示。

06　在"曲面参数"选项卡中设置曲面相关参数，如图 6-100 所示。

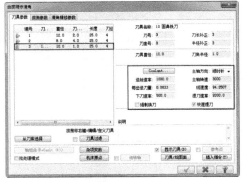

图 6-99　新建刀具　　　　　　　　　　图 6-100　设置曲面参数

07　在"清角精修参数"选项卡中设置残料清角精加工专用参数，如图 6-101 所示。

08　单击 限定深度(D) 按钮，设置加工切削深度，如图 6-102 所示。

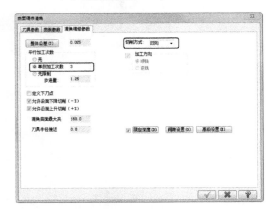
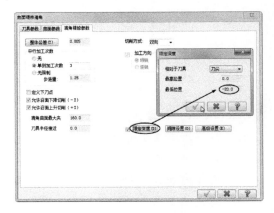

图 6-101　设置精加工参数　　　　　　　图 6-102　设置限定深度

09 单击 间隙设置(G) 按钮，设置刀路间隙，如图6-103所示。

10 根据所设置的曲面精修清角参数，生成残料清角精加工刀路，如图6-104所示。

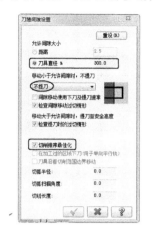

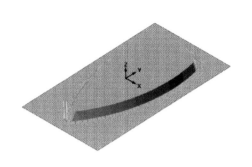

图6-103 设置刀路间隙　　　　　　　　　　　图6-104 生成清角刀路

11 定义用于实体仿真模拟的毛坯，如图6-105所示。

12 单击"实体仿真"按钮 ，进行实体仿真模拟，效果如图6-106所示。

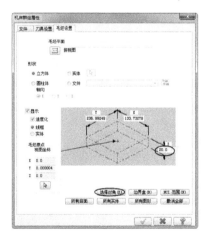

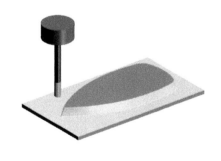

图6-105 设置毛坯　　　　　　　　　　　图6-106 实体仿真模拟

**技术
点拨**　　残料清角精加工通常是对角落处由于刀具过大无法加工到位的部位采用小直径刀具进行清残料加工，残料清角精加工通常需要设置先前的参考刀具直径，通过计算此直径留下来的残料来产生刀轨。

6.2.5　环绕等距精加工

环绕等距精加工可在多个曲面零件上环绕式切削，而且刀路采用等距式排列，残料高度固定，在整个区域上产生首尾一致的表面光洁度，抬刀次数少，因而是比较好的精加工刀路，常用于工件最后一层残料的清除。

上机实战——环绕等距精加工应用

对如图 6-107 所示的图形进行环绕等距精加工，结果如图 6-108 所示。

图 6-107　环绕等距加工图形

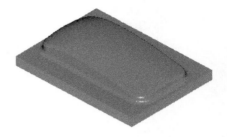

图 6-108　环绕等距加工结果

要进行环绕等距精加工，需要先自定义"精修环绕等距加工"命令。

操作步骤

01 打开本例源文件"6 – 10. mcam"。

02 在"新工具命令"面板中单击"精修环绕等距加工"按钮，按提示信息选取全部实体图形作为加工对象曲面，随后弹出"刀路曲面选择"对话框。

03 单击"切削范围"选项组中的"选择"按钮，然后选取切削范围的串连，如图 6-109 所示。

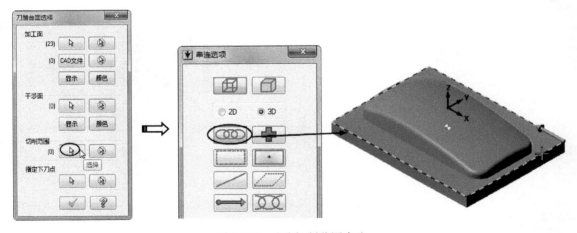

图 6-109　选取切削范围串连

04 单击"刀路曲面选择"对话框中的"确定"按钮，弹出"曲面精修环绕等距"对话框。

05 在"刀具参数"选项卡中新建 D6（直径为 6mm）的球头刀，如图 6-110 所示。

06 在"曲面参数"选项卡中设置曲面相关参数，如图 6-111 所示。

07 在"环绕等距精修参数"选项卡中设置环绕精加工参数，如图 6-112 所示。

08 单击 限定深度 (D) 按钮，设置加工切削深度，如图 6-113 所示。

图6-110　新建刀具

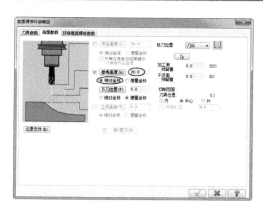

图6-111　设置曲面参数

图6-112　设置精加工参数

图6-113　设置限定深度

09　单击 间隙设置(G) 按钮，设置刀路间隙，如图6-114所示。

10　单击"曲面精修环绕等距"对话框中的"确定"按钮，生成环绕等距精加工刀路，
　　如图6-115所示。

图6-114　设置刀路间隙

图6-115　生成环绕等距精加工刀路

11　定义用于实体仿真模拟的毛坯，如图6-116所示。

12　单击"实体仿真"按钮 ，进行实体仿真模拟，效果如图6-117所示。

技术 点拨	环绕等距精加工方式在曲面上产生等间距排列的刀轨，通常用于对模型进行 最后的精加工。加工的精度非常高，只是刀轨非常大，计算时间长。

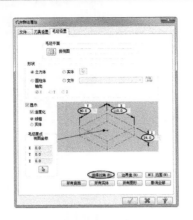

图 6-116　设置毛坯

图 6-117　实体仿真模拟

6.2.6　熔接精加工

熔接精加工将两条曲线内形成的刀路投影到曲面上形成精加工刀路。需要选取两条曲线作为熔接曲线。熔接精加工其实是双线投影精加工，新版 Mastercam 将此刀路从原始的投影精加工中分离出来，专门列为一种刀路。

上机实战——熔接精加工应用

对如图 6-118 所示的图形进行熔接精加工，结果如图 6-119 所示。

图 6-118　熔接加工图形

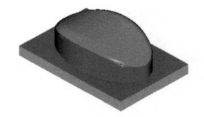

图 6-119　加工结果

操作步骤

01　打开本例源文件"6-11. mcam"。

02　在"铣削刀路"选项卡"3D"面板"精切"组中单击"熔接"按钮 ，按提示信息选取全部实体图形作为加工对象曲面，随后弹出"刀路曲面选择"对话框。

03　单击"切削范围"选项组中的"选择"按钮 ，然后选取熔接曲线的串连，如图 6-120 所示。

04　单击"刀路曲面选择"对话框中的"确定"按钮 ，弹出"曲面精修熔接"对话框。在"刀具参数"选项卡中新建 D10（直径为 10mm）的球头刀，如图 6-121 所示。

05　在"曲面参数"选项卡中设置曲面相关参数，如图 6-122 所示。

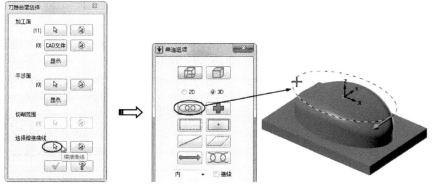

图 6-120　选取熔接曲线串连

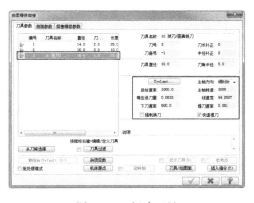

图 6-121　新建刀具

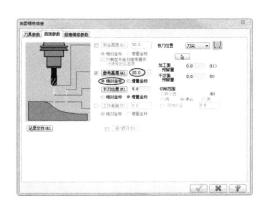

图 6-122　设置曲面参数

06 在"熔接精修参数"选项卡中设置熔接精加工参数，如图 6-123 所示。

07 单击"曲面精修环绕等距"对话框中的"确定"按钮，生成环绕等距精加工刀路，如图 6-124 所示。

图 6-123　设置熔接精加工参数

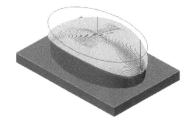

图 6-124　生成熔接精加工刀路

08 定义用于实体仿真模拟的毛坯，如图 6-125 所示。

09 单击"实体仿真"按钮 ，进行实体仿真模拟，效果如图 6-126 所示。

技术 点拨	熔接精加工方式在两条曲线之间产生刀路，并将产生的刀路投影到曲面上形成熔接精加工，它是投影精加工的特殊形式。

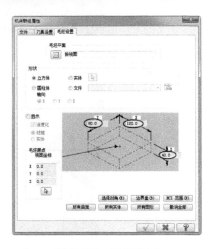

图 6-125　设置毛坯

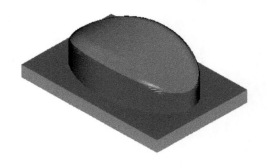

图 6-126　实体仿真模拟

6.3 课后习题

（1）采用放射粗切方式对如图 6-127 所示的图形进行粗加工。

图 6-127　放射状粗切

（2）采用挖槽粗切方式对如图 6-128 所示的模板进行粗切加工。

（3）采用曲面精加工方式对如图 6-129 所示的图形进行精加工。

图 6-128　挖槽

图 6-129　精加工

第 7 章

多轴加工

　　多轴加工也称为变轴加工,是在切削加工中加工轴方向和位置不断变化的一种加工方式。本章主要讲解各种形式的多轴加工参数和编程方法,读者可以通过实例了解多轴加工概念,并且掌握多轴加工方法。

案例展现
ANLIZHANXIAN

案 例 图	描 述	案 例 图	描 述
	曲线五轴加工主要用于加工三维曲线或可变曲面的边界线		沿面五轴加工用于加工流线比较明显的空间曲面
	多曲面五轴加工主要用于对空间的多个曲面相互连接在一起的曲面组进行加工		通道五轴加工主要用于管件以及管件连接件的加工,也可以用于内凹的结构件加工
	曲线五轴加工用于对 3D 空间曲线进行加工,可以不需要曲面		沿边五轴加工利用刀具的侧刃对工件的侧壁进行加工
	旋转四轴加工在三轴的基础上加上一个回转轴,可以加工具有回转轴的零件或沿某一轴四周需要加工的零件		

7.1 基本模型的多轴加工

Mastercam 2018 的多轴加工工具在"铣削刀路"选项卡"多轴加工"面板中，包括"基本模型"和"扩展应用"两大类，如图 7-1 所示。鉴于篇幅限制，本节仅介绍常用的多轴加工类型。

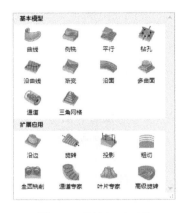

图 7-1　多轴加工工具

7.1.1　曲线五轴加工

曲线五轴加工主要用于加工三维曲线或可变曲面的边界线，可以加工各种图案、文字和曲线。

曲线五轴加工主要是对曲面上的 3D 曲线进行变轴加工，刀具中心沿曲线走刀，因此曲线五轴加工的补正类型需要关闭。刀具轴向控制一般垂直于所加工的曲面。

上机实战——曲线五轴加工应用

对如图 7-2 所示的零件进行加工，加工结果如图 7-3 所示。

图 7-2　加工零件

图 7-3　加工结果

 操作步骤

01 打开源文件"7－1. mcam"。

02 在"多轴加工"面板中单击"曲线"按钮🥢，弹出"多轴刀路－曲线"对话框。

03 在"刀具"选项设置面板中新建 D1 的球刀，如图 7-4 所示。

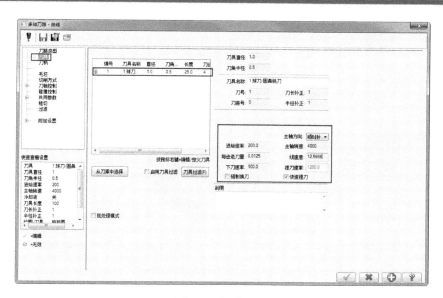

图 7-4 新建刀具

04 在"切削方式"选项设置面板中单击"选择"按钮 🗔，框选所有模型上的所有曲线并任意单击一点作为草图起点，然后在"切削方式"选项设置面板中设置其他切削参数，如图 7-5 所示。

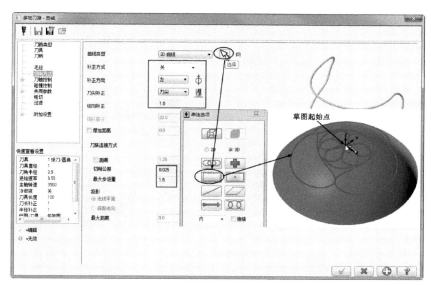

图 7-5 设置切削方式

05 在"刀轴控制"选项设置面板中设置刀轴控制方式与其他参数，如图 7-6 所示。

06 在"共同参数"选项设置面板中设置安全高度及参考高度等参数，如图 7-7 所示。

07 在"粗切"选项设置面板中设置粗加工深度分层和外形分层参数，如图 7-8 所示。

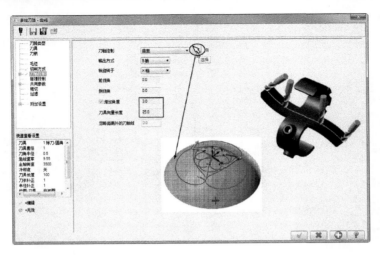

图 7-6　设置刀轴控制参数

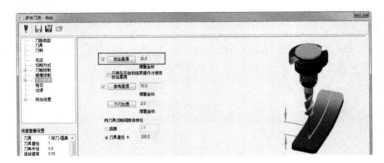

图 7-7　设置共同参数

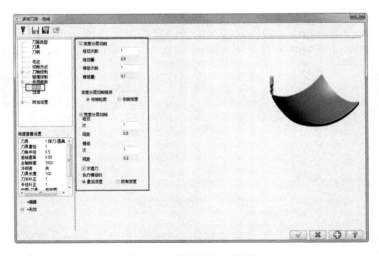

图 7-8　设置粗加工参数

08 单击"确定"按钮 ，生成曲线五轴刀路，如图 7-9 所示。

09 在"层别"选项面板中将第二层打开，即可见实体毛坯，如图 7-10 所示。

10 在"刀路"选项面板中单击"毛坯设置"选项，定义用于实体模拟的毛坯（选择毛坯图层中显示的毛坯），如图 7-11 所示。

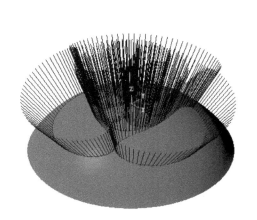

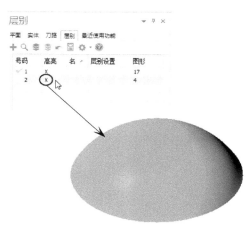

图 7-9　生成曲线五轴刀路　　　　　　图 7-10　显示毛坯图层

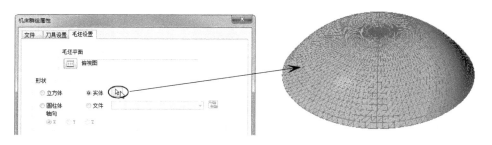

图 7-11　设置毛坯

11 单击"实体仿真"按钮，进行实体仿真模拟，结果如图 7-12 所示。

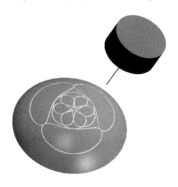

图 7-12　实体仿真模拟结果

7.1.2　沿面五轴加工

沿面五轴加工用于加工流线比较明显的空间曲面。沿面五轴加工即是流线五轴加工，是

Mastercam 最先开发的比较优秀的五轴加工刀路。沿面五轴加工与三轴的流线加工操作基本类似，但是由于切削方向可以调整，刀具的轴向可以控制，切削的前角和后角都可以改变，因此，沿面五轴加工的适应性大大提高，加工质量也非常好，是实际应用较多的五轴加工方法。

上机实战——沿面五轴加工应用

对如图 7-13 所示的零件进行加工，加工结果如图 7-14 所示。

图 7-13　加工零件　　　　　　　　　图 7-14　加工结果

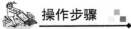 **操作步骤**

01 打开源文件"7 – 2. mcam"。

02 在"多轴加工"面板中单击"沿面"按钮 ，弹出"多轴刀路 – 沿面"对话框。

03 在"刀具"选项设置面板中新建 D4 的球刀，如图 7-15 所示。

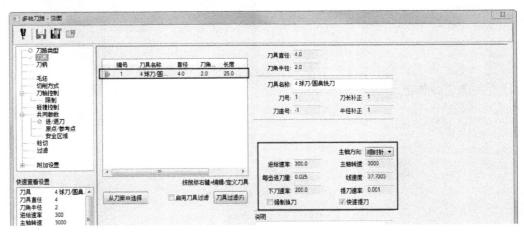

图 7-15　新建刀具

04 在"切削方式"选项设置面板中设置加工曲面与切削方式等参数，如图 7-16 所示。

05 在"刀轴控制"选项设置面板中设置刀轴参数，如图 7-17 所示。

06 单击"确定"按钮 ，生成刀路，如图 7-18 所示。

07 在"刀路"选项面板单击"毛坯设置"选项，弹出"机床群组属性"对话框，在对话框的"毛坯设置"选项卡中可设置毛坯的参数，如图 7-19 所示。

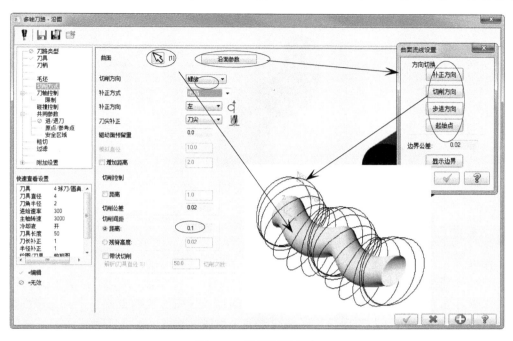

图 7-16 设置切削方式

图 7-17 设置刀轴控制参数

图 7-18 生成刀路

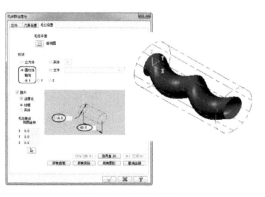

图 7-19 设置毛坯

08 单击"实体仿真"按钮，进行实体仿真，仿真结果如图7-20所示。

图7-20　模拟结果

7.1.3　多曲面五轴加工

多曲面五轴加工主要是对空间的多个曲面相互连接在一起的曲面组进行加工。传统的五轴加工只能生成单个的曲面刀路，因此，对于多曲面而言，生成的曲面片间的刀路不连续，加工的效果非常差。多曲面五轴加工解决了这个问题，采用流线加工的方式，在多曲面片之间生成连续的流线刀路，大大提高了多曲面片加工精度。

多曲面五轴加工根据多个曲面的流线产生沿曲面的五轴刀轨，多曲面五轴加工实现的前提条件是多个曲面的流线方向类型不能相互交叉，否则无法生成五轴刀轨。

 **上机实战——多曲面五轴加工应用**

对如图7-21所示的零件进行加工，加工结果如图7-22所示。

图7-21　加工零件　　　　　　　　　　　图7-22　加工结果

操作步骤

01 打开源文件"7－3. mcam"。

02 在"多轴加工"面板中单击"多曲面"按钮，弹出"多轴刀路－多曲面"对话框。

03 在"刀具"选项设置面板中新建D6的球刀，如图7-23所示。

04 在"切削方式"选项设置加工曲面与切削方式等参数，如图7-24所示。

05 在"刀轴控制"选项设置面板中设置刀轴控制选项，如图7-25所示。

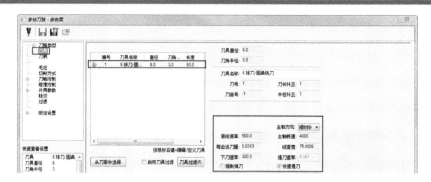

图 7-23　新建刀具

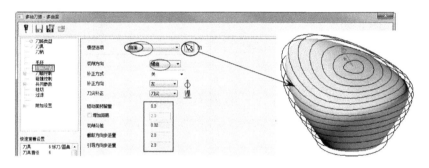

图 7-24　设置切削方式

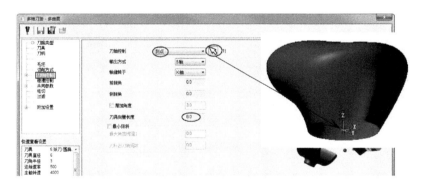

图 7-25　设置刀轴控制选项

06　保留其他选项设置，单击"确定"按钮 ，生成多曲面刀路，如图 7-26 所示。

图 7-26　生成多曲面刀路

7.1.4 通道五轴加工

通道五轴加工主要用于管件以及管件连接件的加工，也可以用于内凹的结构件加工。通道五轴加工根据曲面的流线形成沿 U 向流线或 V 向流线，产生五轴加工刀路，可以加工通道内腔，如图 7-27 所示，也可以加工通道外壁，如图 7-28 所示。

图 7-27　加工内腔

图 7-28　加工外壁

上机实战——通道五轴加工应用

对如图 7-29 所示的零件进行加工，加工结果如图 7-30 所示。

图 7-29　加工零件

图 7-30　加工结果

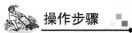 **操作步骤**

01 打开源文件 "7–4. mcam"。

02 在 "多轴加工" 面板中单击 "通道" 按钮 ，弹出 "多轴刀路–通道" 对话框。

03 在 "刀具" 选项设置面板中新建 D4 的球刀，如图 7-31 所示。

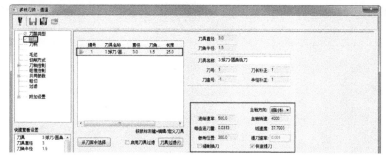

图 7-31　新建刀具

04 在"切削方式"选项设置面板中设置加工曲面与切削方式等参数，如图7-32所示。

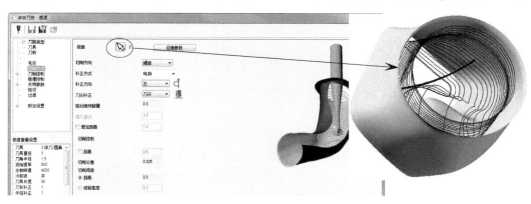

图7-32 设置切削方式

05 在"刀轴控制"选项设置面板中设置刀具轴控制、汇出格式等参数，如图7-33所示。

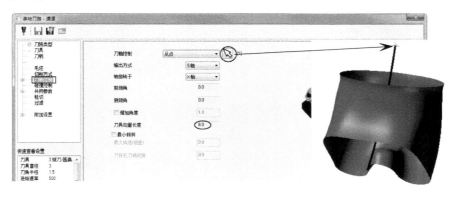

图7-33 设置刀轴控制

06 其余选项保持默认设置，单击"确定"按钮 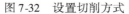，生成通道刀路，如图7-34所示。

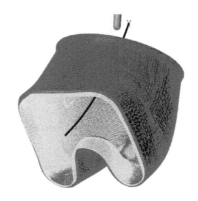

图7-34 生成通道刀路

7.2 扩展应用加工类型

前面一节中介绍的多轴加工类型属于最基本的多轴加工类型，仅能够满足一般行业加工需要，适用于一般零件的五轴加工。除此之外，Mastercam 还针对特殊的行业和特殊的零件开发提供了大量特殊的五轴加工。下面对常用的扩展应用类型进行介绍。

7.2.1 投影五轴加工

投影五轴加工与曲线五轴加工类似，不同之处在于投影五轴加工是将 2D 或 3D 曲线先投影到曲面上后，再根据投影后的曲线产生沿面上曲线走刀的五轴加工刀轨，而曲线五轴是对 3D 空间曲线进行加工，可以不需要曲面。

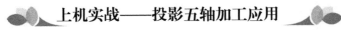

上机实战——投影五轴加工应用

对如图 7-35 所示的零件进行加工，加工结果如图 7-36 所示。

图 7-35　加工零件

图 7-36　加工结果

 操作步骤

01 打开源文件"7－5. mcam"。

02 在"多轴加工"面板中单击"投影"按钮 ，弹出"多轴刀路 – 投影"对话框。

03 在"刀具"选项设置面板中新建刀尖直径为 0.5、角度为 3、刀杆直径为 4 的锥度刀，如图 7-37 所示。

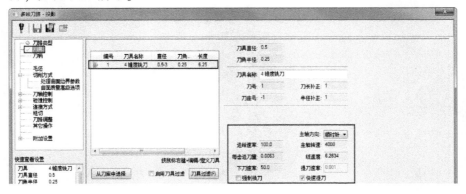

图 7-37　新建刀具

04 在"切削方式"选项设置面板中设置加工曲面、投影曲线等参数,如图7-38所示。

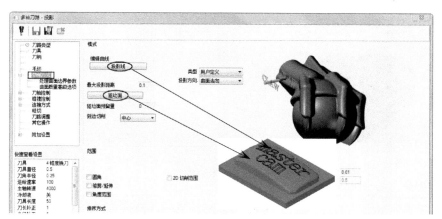

图7-38 设置切削方式

05 在"刀轴控制"选项设置面板中设置刀具轴控制、汇出格式等参数,如图7-39所示。

图7-39 设置刀轴控制选项

06 其余选项保持默认设置,在"多轴刀路 – 投影"对话框中单击"确定"按钮 ，生成多轴投影刀路,如图7-40所示。

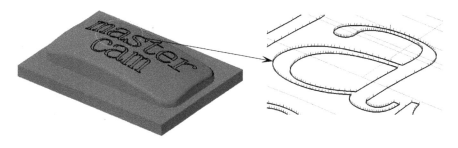

图7-40 生成刀路

7.2.2 沿边五轴加工

沿边五轴加工是指利用刀具的侧刃对工件的侧壁进行加工的方式,根据刀具轴的控制方式不同,可以生成四轴或五轴沿侧壁铣削的加工刀路。

上机实战——沿边五轴加工应用

对如图 7-41 所示的零件进行加工，加工结果如图 7-42 所示。

图 7-41　加工零件

图 7-42　加工结果

 操作步骤

01　打开源文件"7-6.mcam"。

02　在"多轴加工"面板中单击"沿边"按钮 ，弹出"多轴刀路-沿边"对话框。

03　在"刀具"选项设置面板中新建 D10 的球刀，如图 7-43 所示。

图 7-43　新建刀具

04　在"切削方式"选项设置面板中设置补正、加工曲线等参数，如图 7-44 所示。

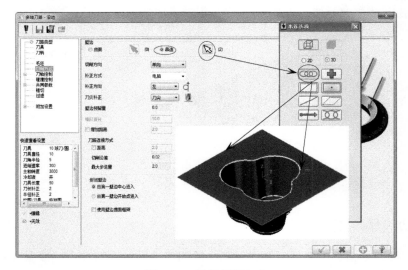

图 7-44　设置切削方式

05 在"刀轴控制"选项设置面板中设置刀轴控制选项,如图7-45所示。

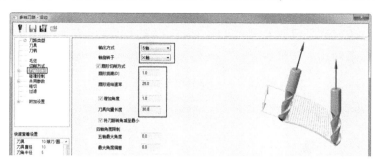

图 7-45 设置刀轴控制选项

06 在"碰撞控制"选项设置面板中设置刀尖的控制、向量深度等选项,如图7-46所示。

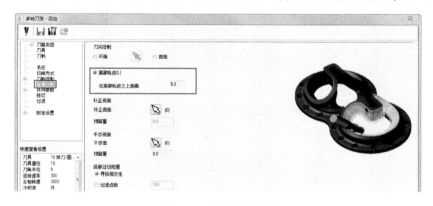

图 7-46 设置碰撞控制

07 其余选项保持默认设置,在"多轴刀路-沿边"对话框中单击"确定"按钮 ✓ ,生成多轴沿边刀路,如图7-47所示。

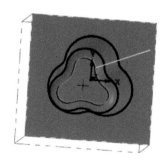

图 7-47 生成沿边刀路

7.2.3 旋转四轴加工

旋转四轴加工在三轴的基础上加上一个回转轴,可以加工具有回转轴的零件或沿某一轴四周需要加工的零件。CNC 机床中的第四轴可以是绕 X、Y 或 Z 轴旋转的任意一个轴，通常用 A、B 或 C 表示，具体是哪根轴要根据机床的配置来定。Mastercam 只提供了绕 A 或 B 轴产生刀路的功能，若机床是具有 C 轴的四轴 CNC 机床，可以用绕 A 或 B 轴产生四轴刀路的方法产生刀路，通过修正后处理程序，生成具有 C 轴的四轴 CNC 机床的加工代码。

上机实战——旋转四轴加工应用

对如图 7-48 所示的零件进行加工，加工结果如图 7-49 所示。

图 7-48　加工零件　　　　　　　　　　　　图 7-49　加工结果

 操作步骤

01 打开源文件"7-7.mcam"。

02 在"多轴加工"面板中单击"旋转"按钮，弹出"多轴刀路 – 旋转"对话框。

03 在"刀具"选项设置面板中新建 D6 的球刀，如图 7-50 所示。

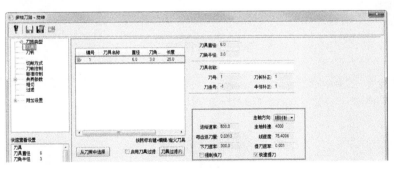

图 7-50　新建刀具

04 在"切削方式"选项设置面板中设置加工曲面与切削方式等参数，如图 7-51 所示。

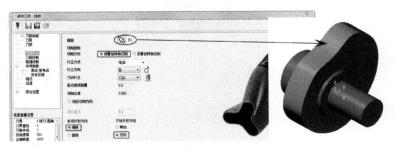

图 7-51　设置切削方式

05 在"多轴刀路-旋转"对话框中设置旋转轴等参数，如图7-52所示。

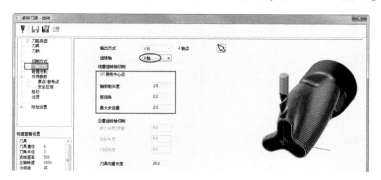

图7-52 设置旋转轴参数

06 其余选项保持默认设置，在"多轴刀路-旋转"对话框中单击"确定"按钮  ，
生成四轴旋转刀路，如图7-53所示。

图7-53 生成旋转刀路

7.3 课后习题

采用五轴曲面加工和五轴投影加工对如图7-54所示的零件进行编程。

图7-54 五轴加工

第8章

钻削加工案例

钻削加工是利用数控钻削机床进行孔、槽加工的数控加工类型，并不涉及人工手动钻削加工方法。本章介绍的钻削加工包括铣削循环加工、钻孔、扩孔、镗孔等，并详细举例说明各种钻削加工的参数设置与操作步骤。

案例展现
ANLIZHANXIAN

案 例 图	描 述
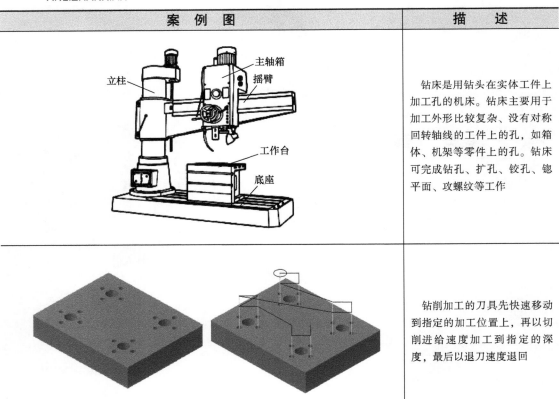	钻床是用钻头在实体工件上加工孔的机床。钻床主要用于加工外形比较复杂、没有对称回转轴线的工件上的孔，如箱体、机架等零件上的孔。钻床可完成钻孔、扩孔、铰孔、锪平面、攻螺纹等工作
	钻削加工的刀具先快速移动到指定的加工位置上，再以切削进给速度加工到指定的深度，最后以退刀速度退回

8.1 钻削加工知识

钻削加工的刀具先快速移动到指定的加工位置上，再以切削进给速度加工到指定的深度，最后以退刀速度退回。

8.1.1 钻削加工机床

钻削加工机床包括钻床和镗床。

钻床是用钻头在实体工件上加工孔的机床，主要用于加工外形比较复杂、没有对称回转轴线的工件上的孔，如箱体、机架等零件上的孔。钻床可完成钻孔、扩孔、铰孔、锪平面、攻螺纹等工作。

钻床的加工精度不高，仅用于加工一般精度的孔。如果配合钻床夹具，可以加工精度较高的孔。钻床主要包括台式钻床、立式钻床、摇臂钻床、深孔钻床等类型。图 8-1 所示为摇臂钻床。

镗削是一种用刀具扩大孔或其他圆形轮廓的内径车削工艺，其应用范围涵盖从半精加工到精加工。镗床是镗削加工的专用机床，图 8-2 所示为立式坐标镗床。

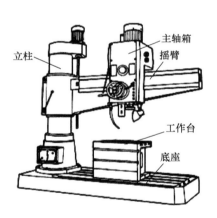

图 8-1 摇臂钻床

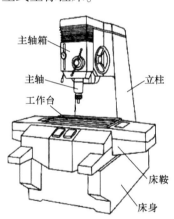

图 8-2 立式坐标镗床

8.1.2 钻削加工方法

钻削加工是用钻头在工件上加工孔的一种加工方法。在钻床上加工时，工件固定不动，刀具做旋转运动（主运动）的同时沿轴向移动（进给运动）。

1. 钻孔与扩孔

钻孔是用钻头在实体材料上加工的方法。单件小批量生产时，需先在工件上划线，打样冲眼确定孔中心的位置；然后将工件通过台钳固定或直接装在钻床工作台上。大批量生产时，采用夹具完成钻模装夹工作。

扩孔常用于已铸出、锻出或钻出孔的扩大。扩孔可作为铰孔、磨孔前的预加工，也可以作为精度要求不高的孔的最终加工。扩孔比钻孔的质量好，生产效率高。扩孔对铸孔、钻孔等预加工孔的轴线的偏斜，有一定的校正作用。扩孔精度一般为 IT10 左右，表面粗糙度 Ra

值可达6.3～3.2μm。扩孔钻如图8-3所示。

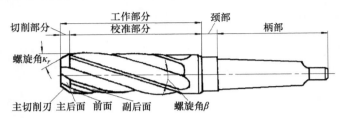

图8-3 扩孔钻

2. 钻削工艺特点

麻花钻是可排出大量切屑，具有较大容屑空间的排屑槽，刚度与强度受很大削弱，加工内孔的精度低，表面粗糙度高。

一般钻孔后精度达IT12级左右，表面粗糙度Ra达80～20μm。因此，钻孔主要用于精度在IT11级以下的钻削加工，或用作精度要求较高的孔的预加工。

钻孔时钻头容易产生偏斜，工艺上常采用下列措施。

● 钻孔前先加工孔的端面，以保证端面与钻头轴心线垂直。
● 先采用90°顶角直径大而且长度较短的钻头预钻一个凹坑，以引导钻头钻削，此方法多用于转塔车床和自动车床，防止钻偏。
● 仔细刃磨钻头，使其切削刃对称。
● 钻小孔或深孔时应采用较小的进给量。
● 采用工件回转的钻削方式，注意排屑和切削液的合理使用。
● 钻孔直径一般不超过75mm，对于孔径超过35mm的孔，宜分两次钻削。第一次钻孔直径约为第二次的0.5～0.7倍。

8.1.3 铰削加工方法

铰削是一种常用的孔的精加工方法，通常在钻孔和扩孔之后进行，加工孔精度达IT6～IT7，加工表面粗糙度可达Ra1.6～0.4μm。

根据使用方法不同，铰刀可分为手用铰刀与机用铰刀。手用铰刀可做成整体式结构，也可做成可调式结构，在单件小批和修配工作中常使用尺寸可调的铰刀，如图8-4所示。对于机用铰刀，直径小的做成带直柄或锥柄的结构，直径较大常做成套式结构。

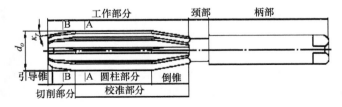

图8-4 手用铰刀

铰削加工余量很小，刀齿容屑槽很浅，因而铰刀的齿数比较多，刚性和导向性好，工作更平稳。由于铰削的加工余量小，因此切削厚度很薄。因铰削的切削余量小，为了提高铰孔的精度，通常铰刀与机床主轴采用浮动连接，所以铰刀只能修正孔的形状精度，提高孔径尺寸精度和减小表面粗糙度，不能修正孔轴线的歪斜。

8.1.4　镗削加工方法

镗削加工是镗刀回转作为主运动，工件或镗刀移动作进给运动的切削加工方法。镗削加工主要在镗床上进行。

镗削加工的工艺范围较广，可以镗削单孔或孔系，锪、铣平面，镗盲孔及镗端面等，如图8-5所示。机座、箱体、支架等外形复杂的大型工件上直径较大的孔，特别是有位置精度要求的孔系，常在镗床上利用坐标装置和镗模加工。镗孔精度为 IT7 ~ IT6 级，孔距精度可达 0.015mm，表面粗糙度值 Ra 为 1.6 ~ 0.8μm。

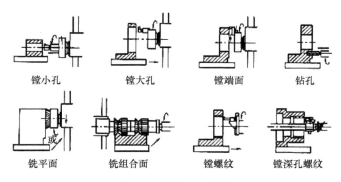

镗小孔　　　　镗大孔　　　　镗端面　　　　钻孔

铣平面　　　铣组合面　　　镗螺纹　　镗深孔螺纹

图 8-5　镗削加工范围

8.1.5　钻削加工固定循环指令

常用固定循环指令能完成的工作有钻孔、攻螺纹和镗孔等。表8-1列出了所有钻削加工固定循环指令。

表 8-1　钻削加工固定循环指令

G 代码	加工运动 （Z 轴负向）	孔底动作	返回运动 （Z 轴正向）	应　用
G73	分次，切削进给	—	快速定位进给	高速深孔钻削
G74	切削进给	暂停 – 主轴正转	切削进给	左螺纹攻螺纹
G76	切削进给	主轴定向，让刀	快速定位进给	精镗循环
G80	—	—	—	取消固定循环
G81	切削进给	—	快速定位进给	普通钻削循环
G82	切削进给	暂停	快速定位进给	钻削或粗镗削
G83	分次，切削进给	—	快速定位进给	深孔钻削循环
G84	切削进给	暂停 – 主轴反转	切削进给	右螺纹攻螺纹
G85	切削进给	—	切削进给	镗削循环
G86	切削进给	主轴停	快速定位进给	镗削循环
G87	切削进给	主轴正转	快速定位进给	反镗削循环
G88	切削进给	暂停 – 主轴停	手动	镗削循环
G89	切削进给	暂停	切削进给	镗削循环

这些循环通常包括下列 6 个基本动作。图 8-6 所示为固定循环的基本动作。图中实线表示切削进给，虚线表示快速运动。R 平面为在孔口时，快速运动与进给运动的转换位置。

图中 6 个基本动作的含义如下。

● 操作 1：在 XY 平面定位。

● 操作 2：快速移动到 R 平面。

● 操作 3：孔的切削加工。

● 操作 4：孔底动作。

● 操作 5：返回到 R 平面。

● 操作 6：返回到起始点。

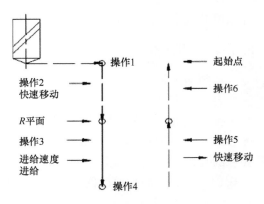

图 8-6　固定循环的基本动作

应用钻削加工固定循环功能，可在一个程序段内完成其他方法几个程序段才能完成的功能。在 G73/G74/G76/G81～G89 后面，给出了钻削加工参数。程序格式如下。

程序格式中的参数含义如下。

● G：G 功能字。

● X、Y：孔的位置坐标。

● Z：孔底坐标。

● R：安全面（R 面）的坐标。增量方式时，为起始点到 R 面的增量距离；绝对方式时，为 R 面的绝对坐标。

● Q：每次切削深度。

● P：孔底的暂停时间。

● F：切削进给速度。

● K：规定重复加工次数。

8.2　Mastercam 钻孔参数设置

钻孔刀路主要用于钻孔、镗孔和攻螺纹等加工的刀路。钻削加工除了要设置通用参数外，还要设置专用钻孔参数。

8.2.1　钻孔循环

Mastercam 提供了多种类型的钻孔循环方式，在“2D 刀路 – 钻孔/全圆铣削 深孔啄钻 – 完整回缩”对话框的“切削参数”选项设置面板中，展开“循环方式”下拉列表，其中包括 6 种钻孔循环和自定义循环类型，如图 8-7 所示。

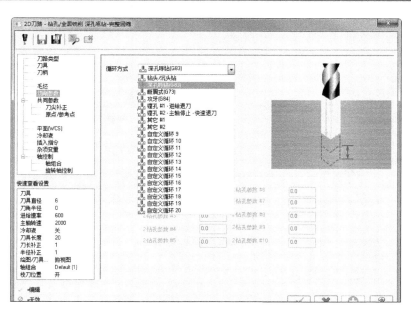

图 8-7　钻孔循环方式

1. 深孔啄钻（G81/G82）循环

深孔啄钻（G81/G82）循环是一种简单钻孔，一次钻孔直接到底，执行此指令时，钻头先快速定位至所指定的坐标位置，再快速定位（G00）至参考点，接着以所指定的进给速率 F 向下钻削至所指定的孔底位置，可以在孔底设置停留时间 P，最后快速退刀至起始点（G98 模式）或参考点（G99 模式）完成循环，这里为了讲解方便，全部退刀到起始点。以下图中都以实线表示进给速率线，以虚线表示快速定位〔G00〕速率线，如图 8-8 所示。

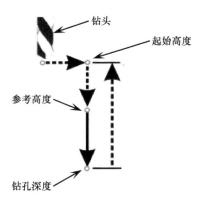

图 8-8　深孔啄钻（G81）循环

| 技术点拨 | G82 指令除了在孔底会暂停时间 P 外，其余加工动作均与 G81 相同。G82 使刀具切削到孔底后暂停几秒，可改善钻盲孔、柱坑、锥坑的孔底精度。 |

2. 深孔啄钻（G83）循环

深孔啄钻（G83）循环的钻头先快速定位至所指定的坐标位置，再快速定位到参考高度，接着向 Z 轴下钻所指定的距离 Q（Q 必为正值），再快速退回到参考高度，这样便可把切屑带出孔外，以免切屑将钻槽塞满而增加钻削阻力或使切削剂无法到达切边，故 G83 适于深孔钻削。依此方式一直钻孔到所指定的孔底位置，最后快速抬刀到起始高度，如图 8-9 所示。

3. 断屑式（G73）循环

断屑式（G73）循环的钻头先快速定位至所指定的坐标位置，再快速定位参考高度，接着向 Z 轴下钻所指定的距离 Q（Q 必为正值），再快速退回距离 d，依此方式一直钻孔到所指定的孔底位置。此种间歇进给的加工方式可使切屑裂断且切削剂易到达切边，进而使排屑容易且冷却、润滑效果佳，如图 8-10 所示。

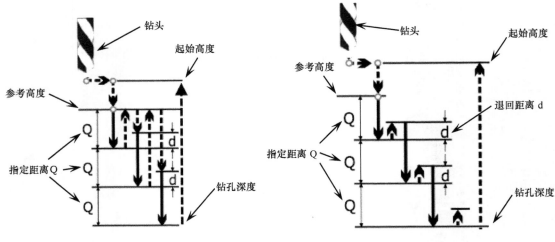

图 8-9　深孔啄钻（G83）循环　　　　　图 8-10　断屑式（G73）循环

> **技术点拨**　　G73/G83 是较复杂的钻孔动作，非一次钻到底，而是分段啄进，每段都有退屑的动作，G83 与 G73 不同之处在于退刀时 G83 每次退刀皆退回到参考高度处，G73 退屑时，只退固定的排屑长度 d。

4. 攻螺纹（G84）循环

攻螺纹（G84）循环用于右手攻螺纹，使主轴正转，刀具先快速定位至所指定的坐标位置，再快速定位到参考高度，接着攻螺纹至所指定的孔座位置，主轴改为反转且同时向 Z 轴正方向退回至参考高度，退至参考高度后主轴恢复原来的正转，如图 8-11 所示。

5. 镗孔（G85）循环

镗孔（G85）循环的镗刀先快速定位至所指定的坐标位置，再快速定位至参考高度，接着以所指定的进给速率向下铰削至所指定的孔座位置，仍以所指定的进给速率向上退刀。（对孔进行两次镗削），能产生光滑的镗孔效果，如图 8-12 所示。

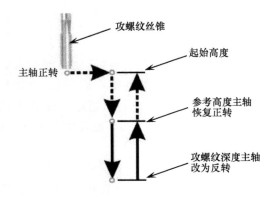

图 8-11　攻螺纹（G84）循环

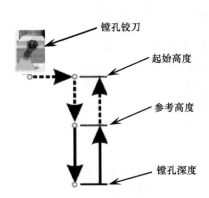

图 8-12　镗孔（G85）循环

6. 镗孔（G86）循环

镗孔（G86）循环的镗刀先快速定位至所指定的坐标位置，再快速定位至参考高度，接着以所指定的进给速率向下铰削至所指定的孔座位置，停止主轴旋转，以G00速度回抽至原起始高度，而后主轴恢复顺时针旋转，如图8-13所示。

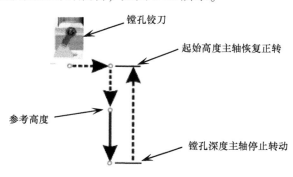

图8-13　镗孔（G86）循环

8.2.2　钻削加工参数

钻孔参数包括刀具参数、切削参数和共同参数，共同参数的设置基本与2D刀路的"2D刀路-外形铣削"对话框中的"共同参数"选项设置面板相同，下面主要讲解不同之处。

1. 切削参数

切削参数包括"首次啄钻""副次切量""安全余隙""回缩量""暂停时间"和"提刀偏移量"等。在"2D刀路–钻孔/全圆铣削　深孔啄钻–完整回缩"对话框中单击"切削参数"选项，切换至"切削参数"选项设置面板，该选项设置面板用于设置钻孔相关参数，如图8-14所示。

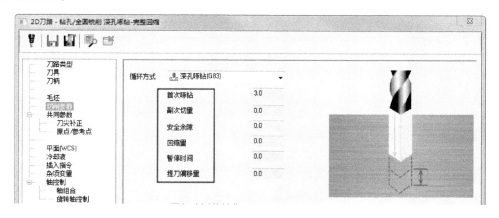

图8-14　设置切削参数

各参数含义如下。

● **首次啄钻**：设置第一次步进钻孔深度。

● **副次切量**：设置后续的每一次步进钻孔深度。

● **安全余隙**：设置本次刀具快速进刀与上次步进深度的间隙。

- 回缩量：设置退刀量。
- 暂停时间：设置刀具在钻孔底部的停留时间。
- 提刀偏移量：设置镗孔刀具在退刀前让开孔壁的距离，以免伤及孔壁，只适用于镗孔循环。

2. 深度补正

在"共同参数"选项设置面板中，可以设置钻孔公共参数。如果钻削孔深度不是通孔，则输入的深度值只是刀尖的深度。由于钻头尖部夹角为118°，为方便计算，提供的深度补正功能可以自动帮用户计算钻头刀尖的长度。

单击"计算器"按钮 ▦，弹出"深度计算"对话框，如图8-15所示。该对话框会根据用户所设置的"刀具直径"和"刀尖包含角度"自动计算应该补正的深度。

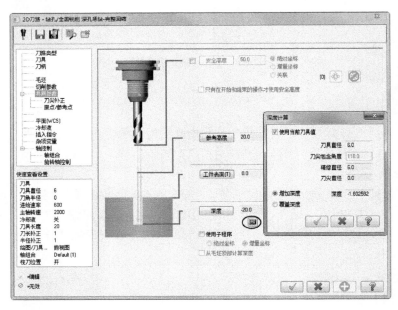

图8-15 深度的计算

各选项含义如下。

- 使用当前刀具值：设置是否以当前正被使用的刀具直径作为要计算的刀具直径。
- 刀具直径：当前使用的刀具直径。
- 刀尖包含角度：设置钻头刀尖的角度。
- 精修直径：设置当前要计算刀具直径。
- 刀尖直径：设置要计算的刀具刀尖直径。
- 增加深度：将计算的深度增加到深度值中。
- 覆盖深度：将计算的深度覆盖到深度值中。
- 深度：计算出来的深度。

3. 刀尖补正方式

在"刀尖补正"选项设置面板中可以设置钻孔深度补正，如图8-16所示。
各选项含义如下。

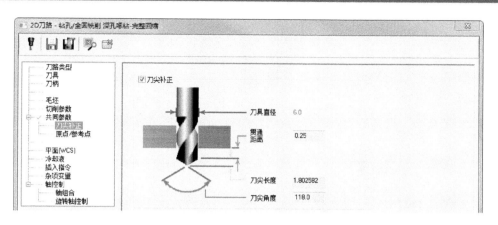

图8-16 设置刀尖补正方式

- "刀具直径"：当前使用的钻头直径。
- "贯通距离"：钻头（除掉刀尖以外）贯穿工件超出的距离。
- "刀尖长度"：钻头尖部的长度。
- "刀尖角度"：钻头尖部的角度。

技术点拨	如果不使用贯穿选项，输入的距离只是钻头刀尖所到达的深度，在钻削通孔时，若设置的钻孔深度与材料的厚度相同，会导致孔底留有残料，无法穿孔。采用尖部补正功能可以将残料清除。

8.2.3 钻孔点的选择方式

要进行钻孔刀路的编制，就必须定义钻孔所需要的点。这里所说的钻孔点并不仅仅指"点"，而是指能够用来定义钻孔刀路的图素，包括存在点、各种图素的端点、中点以及圆弧等，都可以作为钻孔的图素。

在"铣削刀路"选项卡"2D"面板"孔加工"组中单击"钻孔"按钮 ，弹出如图8-17所示的"选择钻孔位置"对话框。"选择钻孔位置"对话框中包含4种钻孔点的选择方式，介绍如下。

1. 在屏幕上选择钻孔点位置

在"选择钻孔位置"对话框中，"在屏幕上选择钻孔点位置"方式 是默认的选取方式。用户采用手动方式可以选择存在点、输入的坐标点、捕捉图素的端点、中点、交点、中心点或圆的圆心点、象限点等来产生钻孔点。

2. 自动方式

图8-17 钻孔点的选择方式

在"选择钻孔位置"对话框中单击"自动"按钮 ，即采用自动选取点方式选取钻孔位置。将选取一系列的已存在点作为钻孔的中心点，通过三点来定义自动选取的范围。图8-18中采用自动选取方式选取第一点A、第二点B和最后一点C，产生钻孔刀路。

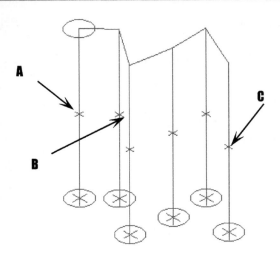

图 8-18　自动选点

技术点拨	自动选点功能并不能将屏幕上所有的点都选中，如果是人工按先后顺序绘制的点，则按顺序选取第一点、第二点和最后一点才可以选取全部的点。

3. 图形选点

在"选择钻孔位置"对话框中单击"选择图形"按钮 选择图形 ，在绘图区选取图形，根据用户捕捉图形点的位置自动判断钻孔点的中心位置。图 8-19 所示为选取六边形的所有线后的钻孔刀路。

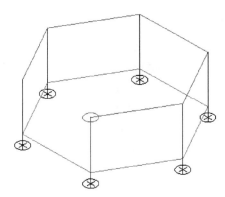

图 8-19　图形选点

技术点拨	采用图形选点模式选取图形时，若存在多个点重叠的情况，不用担心两图形的交点重复问题，系统会自动过滤掉重复的点。

4. 视窗选点

在"选择钻孔位置"对话框中单击"窗选"按钮 窗选 ，通过绘制矩形视窗来确定视窗内的钻孔点，系统会根据视窗内的点，选择默认的钻孔顺序来产生钻孔刀路，如图 8-20 所示。

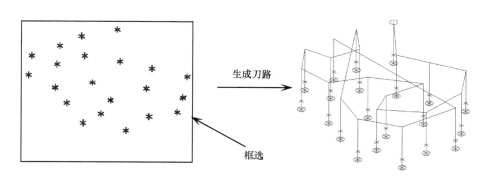

图8-20 窗选钻孔刀路

5. 限定圆弧

在"选择钻孔位置"对话框中单击"限定圆弧"按钮 限定圆弧 ，提示选取基准圆弧，在绘图区任意选择一圆弧作为基准，以后不管选取其他任何圆弧，只要跟此圆弧半径相等即被选中，不相等或不是圆弧则被排除。

8.3 实战案例——模具模板钻削加工案例

对如图8-21所示的模具模板进行钻削加工，加工结果如图8-22所示。

图8-21 模具模板

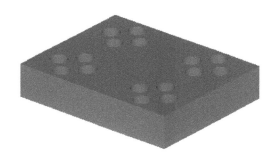

图8-22 加工结果

 操作步骤

01 打开本例源文件"8-1.mcam"。

02 在"铣削刀路"选项卡"2D"面板"孔加工"组中单击"钻孔"按钮，弹出"选择钻孔位置"对话框。

03 单击"在屏幕上选择钻孔点位置"按钮，然后在图形区中选取16个小圆孔的圆心作为钻孔位置点，如图8-23所示。完成选取后单击"确定"按钮。

04 弹出"2D刀路-钻孔/全圆铣削 深孔啄钻 - 完整回缩"对话框。

05 在"刀具"选项设置面板中定义新刀具（直径为6mm的标准钻头）及相关参数，如图8-24所示。

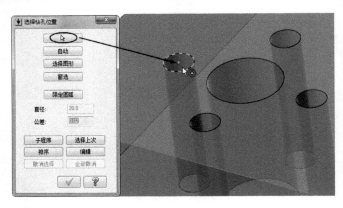

图 8-23　选取钻孔位置

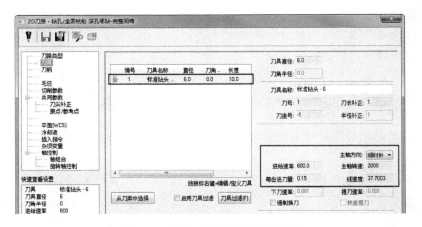

图 8-24　新建刀具并设置相关参数

06　在"切削参数"选项设置面板中设置切削相关参数，如图 8-25 所示。

图 8-25　设置切削参数

07　在"共同参数"选项设置面板中设置二维刀路共同的参数，如图 8-26 所示。

08　在"刀尖补正"选项设置面板中设置刀尖补正的参数，如图 8-27 所示。

09　其余选项保持默认，单击"确定"按钮 ✓ 生成刀路，如图 8-28 所示。

10　单击"实体模拟"按钮，进行实体仿真模拟，如图 8-29 所示。

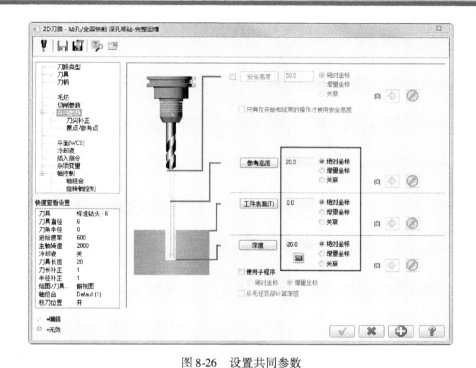

图 8-26　设置共同参数

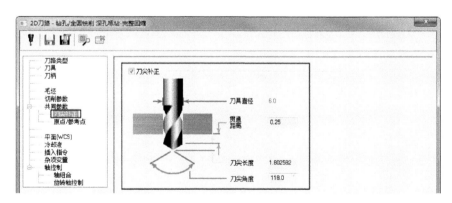

图 8-27　设置刀尖补正

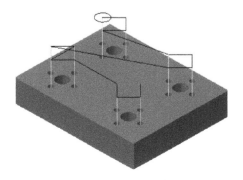

图 8-28　生成刀路

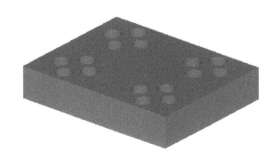

图 8-29　实体仿真

8.4 课后习题

对如图 8-30 所示的模板进行钻削加工。

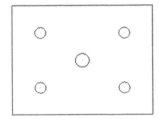

图 8-30　钻孔

第9章

车削加工案例

　　Mastercam 2018 车削加工包含粗车加工、精车加工、车槽、螺纹车削、截断车削、端面车削、钻孔车削、快速车削模组和循环车削模组等，下面将详细讲解车削加工各种参数及操作步骤。

 案例展现

ANLIZHANXIAN

案　例　图	描　　述
	粗车削通过车刀逐层车削工件轮廓来产生刀路。粗车削目的是快速将工件上的多余的材料去除，尽量接近设计零件外形，方便下一步进行精车削
	精车削主要车削工件上的粗车削后余留下的材料，精车削的目的是尽量满足加工要求和光洁度要求，达到与设计图纸要求一致
	径向车削的凹槽加工主要用于车削工件上凹槽部分
	车削端面加工适合于车削毛坯工件的端面，或零件结构在 Z 方向的尺寸较大的工件

9.1 粗车削加工类型

在"机床"选项卡"机床类型"面板中单击"车床"|"默认"命令，弹出"车床车削"选项卡和"车床铣削"选项卡，如图 9-1 所示。

图 9-1　"车床车削"选项卡

"车床车削"选项卡中的加工指令与"铣削刀路"选项卡中的加工指令是完全相同的，这里不做赘述。下面仅介绍常规的车削加工类型。

粗车削通过车刀逐层车削工件轮廓来产生刀路。粗车削目的是快速将工件上的多余的材料去除，尽量接近设计零件外形，方便下一步进行精车削。

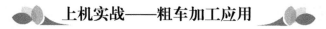

上机实战——粗车加工应用

对如图 9-2 所示的零件进行粗车削加工，粗车削结果如图 9-3 所示。

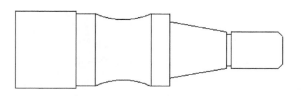

图 9-2　粗车削零件

图 9-3　粗车削结果

> **技术点拨**
>
> 本例需要加工轴零件，由于轴上还有凹槽，所以需要采用专门针对凹槽的参数。由于零件前端凹槽比较窄，所以在粗加工中不需要加工，为了区别对待凹槽，粗加工中先不加工外圆方向凹槽，另外再走刀加工圆弧形凹槽。

刀路规划如下。

- 采用"T0101 R0.8 OD ROUGH RIGHT"车刀对零件进行粗车削加工。
- 采用"T0303 R0.4 OD FINISH RIGHT"车刀对零件中的圆弧凹槽进行粗车削加工。

操作步骤

1. 外形粗车削刀路

首先采用粗车削刀路进行加工，粗车削步骤如下。

01 打开本例源文件"9-1.mcam"。

02 在"车床车削"选项卡"常规"面板中单击"粗车"按钮，弹出"串连选项"

对话框。单击"部分串连"按钮 ，在绘图区选取加工串连，如图9-4所示。

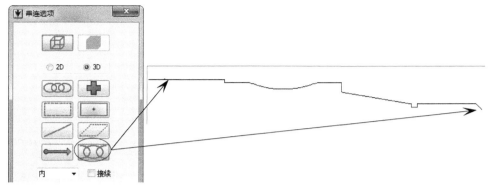

图9-4　选取串连

03 弹出"粗车"对话框。在"刀具参数"选项卡中选择外圆车刀 T0101 R0.8 OD ROUGH RIGHT−80，设置车削进给速度为0.3mm/转，主轴转速为1000，如图9-5所示。

04 单击"冷却液"按钮 Coolant... ，弹出 Coolant 对话框，将 Flood（油冷）选项设为 ON，如图9-6所示。单击"确定"按钮 ✓ ，完成冷却液设置。

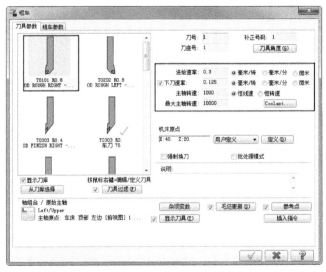

图9-5　选择车削加工刀具

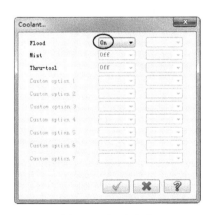

图9-6　打开油冷

05 在"机床原点"选项组中选择"用户定义"选项，然后单击右边的"自定义"按钮，弹出"依照用户定义原点"对话框。设置换刀坐标值为（Y40,Z20），单击"确定"按钮 ✓ ，完成换刀点设置，如图9-7所示。

06 在"刀具参数"选项卡中勾选"参考点"复选框，弹出"参考点"对话框。勾选"退出"复选框，输入退刀点坐标值为（Y40,Z20），单击"确定"按钮 ✓ ，完成参考点设置，如图9-8所示。

图 9-7　设置换刀点　　　　　　　　　图 9-8　设置退刀参考点位置

07　在"粗车"对话框的"粗车参数"选项卡中，设置"切削深度"值为 0.8mm，X 和 Z 向预留量为 0.2mm，进入延伸量为 2.5mm，选择"刀具在转角处走圆角"列表中的"无"选项，取消进/退刀设置，如图 9-9 所示。

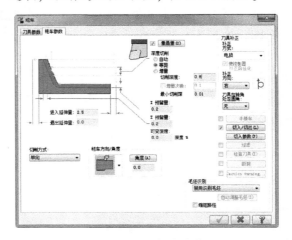

图 9-9　设置粗车参数

08　粗车参数设置完成后，单击"确定"按钮 ✓ ，生成粗车刀路，如图 9-10 所示。

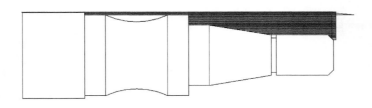

图 9-10　生成粗车刀路

2. 车削弧形槽的加工刀路

接下来再对弧形凹槽采用粗车方法进行加工，车槽加工刀路步骤如下。

01　在"车床车削"选项卡"常规"面板中单击"粗车"按钮 ，弹出"串连选项"对话框。单击"单体"按钮 ，在绘图区中选取加工串连，如图 9-11 所示。

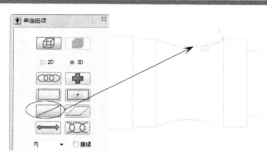

图 9-11　选取串连

02　随后弹出"粗车"对话框。在"刀具参数"选项卡刀库中的空白处单击右键，在弹出的右键菜单中选择"创建新刀具"命令，弹出"定义刀具"对话框。在"类型 – 标准车刀"选项卡中选择"标准车刀"类型，如图 9-12 所示。

03　随后在"刀片"选项卡中，定义刀片参数，单击"确定"按钮，如图 9-13 所示。

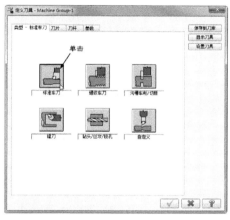

图 9-12　定义刀具类型

图 9-13　设置刀片参数

04　在"刀具参数"选项卡中设置刀具相关参数，设置车削"进给速率"为 0.5mm/ 转，"主轴转速"为 550，"最大主轴转速"为 10000，如图 9-14 所示。

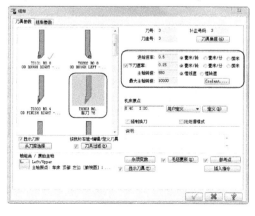

图 9-14　设置刀具相关参数

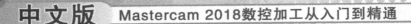
05 在"刀具参数"选项卡中单击"冷却液"按钮 Coolant... ，弹出冷却液设置对话框，将 Flood（油冷）选项设为 ON。单击"确定"按钮 ✓ ，完成冷却液设置。

06 在"刀具参数"选项卡中将机床原点选项设置为"用户定义"，单击右边的"自定义"按钮，弹出"依照用户定义原点"对话框。设置换刀坐标值为（Y40，Z20），单击"确定"按钮 ✓ ，完成换刀点设置，如图 9-15 所示。

07 在"刀具参数"选项卡中勾选"参考点"复选框，弹出"参考点"对话框。勾选"退出"复选框，设置退刀点坐标值为（Y40，Z20），单击"确定"按钮 ✓ ，完成参考点设置，如图 9-16 所示。

图 9-15　设置换刀点

图 9-16　设置参考点

08 在"粗车"对话框的"粗车参数"选项卡中，设置粗车参数，如图 9-17 所示。

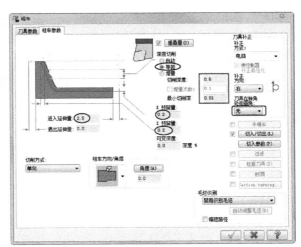

图 9-17　设置粗车参数

09 在"粗车参数"选项卡中单击"切入/切出"按钮 切入/切出(L) ，弹出"切入/切出设置"对话框。取消勾选"使用进入向量"复选框，勾选"切入圆弧"复选框，如图 9-18 所示。

10 单击"切入圆弧"按钮，在弹出的"切入/切出圆弧"对话框中将切弧扫掠角度设为 90 度，半径设置为 10，如图 9-19 所示。单击"确定"按钮 ✓ ，完成切弧设置。

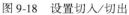

图9-18 设置切入/切出

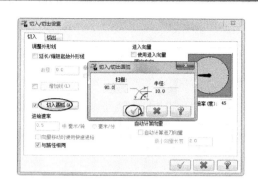

图9-19 设置切入圆弧

11 在"切入/切出设置"对话框的"切出"选项卡中取消勾选"使用退刀向量"复选框,单击"确定"按钮 ![✓],完成切入/切出参数设置,如图9-20所示。

12 在"粗车参数"选项卡中单击"切入参数"按钮 ![切入参数(P)],弹出"车削切入参数"对话框。选择第二项"允许双向垂直下刀"切入方式来切削凹槽,单击"确定"按钮 ![✓],完成车削切入参数的设置,如图9-21所示。

图9-20 切出设置

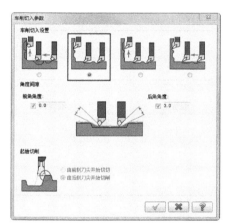

图9-21 设置车削切入参数

13 单击"确定"按钮,生成粗车弧形槽的刀路,如图9-22所示。

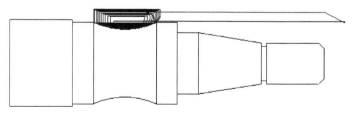

图9-22 生成粗车弧形槽的刀路

3. 材料设置和刀路模拟

所有刀路编制完毕后,要进行材料的设置和刀路模拟。

01 在 "刀路" 选项面板中单击 "毛坯设置" 选项，弹出 "机床群组属性" 对话框。在对话框的 "毛坯设置" 选项卡中设置如图9-23所示的毛坯选项。

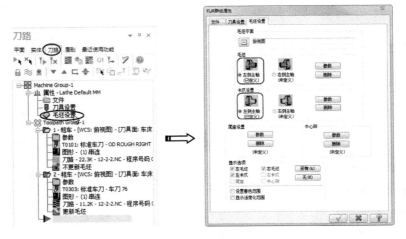

图9-23　设置毛坯选项

02 在 "毛坯设置" 选项卡中单击 "毛坯" 选项组中的 "参数" 按钮，弹出 "机床组件管理－毛坯" 对话框。在对话框中设置 "外径" 值为86，"长度" 值为320，"轴向位置" 值为－320，单击 "确定" 按钮 $\boxed{✓}$，完成毛坯设置，如图9-24所示。

03 在 "毛坯设置" 选项卡中单击 "卡爪设置" 选项组中的 "参数" 按钮，弹出 "机床组件管理－卡盘" 对话框，定义如图9-25所示的卡盘参数。单击 "确定" 按钮 $\boxed{✓}$，完成卡爪设置。

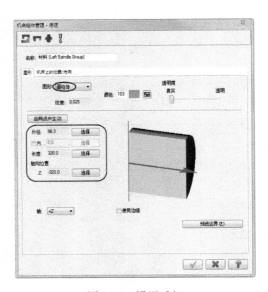

图9-24　设置毛坯

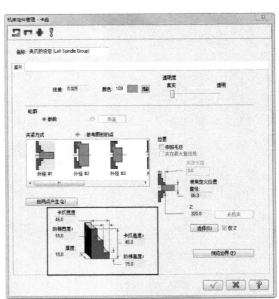

图9-25　设置卡盘

04 毛坯和卡爪设置的结果如图 9-26 所示。最后单击"实体仿真"按钮 ，进行仿真模拟，模拟结果如图 9-27 所示。

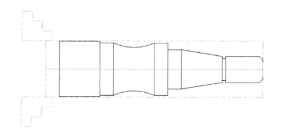

图 9-26　毛坯及卡盘设置结果 　　　　　　　　 图 9-27　模拟结果

9.2　精车削加工

　　精车削主要车削工件上粗车削后余留下的材料，精车削的目的是尽量满足加工要求和光洁度要求，达到与设计图纸要求一致。下面讲解精车削加工参数设置和加工步骤。

上机实战——精车削加工应用

　　采用精车削对如图 9-28 所示的零件进行车削加工，加工结果如图 9-29 所示。

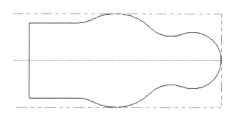

图 9-28　加工零件 　　　　　　　　　　　 图 9-29　加工结果

 操作步骤

01 打开本例源文件"9-2.mcam"。

02 在"车床车削"选项卡"常规"面板中单击"粗车"按钮 ，弹出"串连选项"对话框。单击"部分串连"按钮 ，在绘图区选取如图 9-30 所示的串连外形。

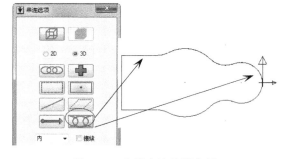

图 9-30　选择串连外形曲线

03 弹出"精车"对话框。在"刀具参数"选项卡中选择 T2121 R0.8 OD FINISHI RIGHT－35DEG 的车刀，设置"进给速率"为 0.3，"主轴转速"为 1000，"最大主轴转速"为 10000，如图 9-31 所示。

04 单击"冷却液"按钮 Coolant... ，弹出 Coolant 对话框，将 Flood（油冷）选项设为 ON，如图 9-32 所示。单击"确定"按钮 ✓ ，完成冷却液设置。

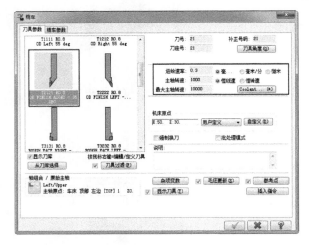

图 9-31 选择车削加工刀具

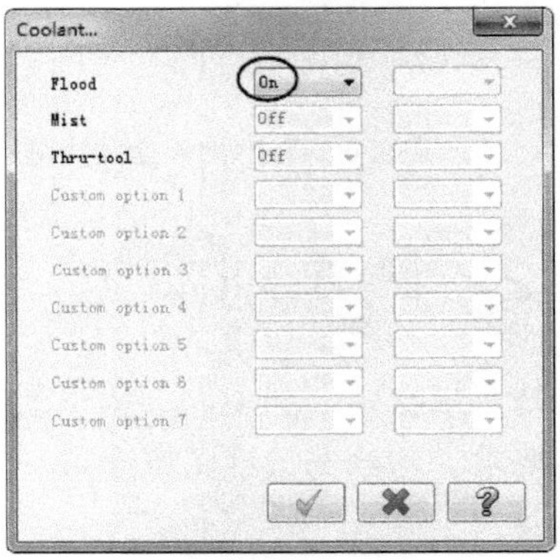

图 9-32 打开冷却液

05 在"机床原点"选项组中选择"用户定义"选项，单击"自定义"按钮，弹出"依照用户定义原点"对话框。设置换刀坐标值为（Y50,Z30），单击"确定"按钮 ✓ ，完成换刀点设置，如图 9-33 所示。

06 在"刀具参数"选项卡中勾选"参考点"复选框，弹出"参考点"对话框。勾选"退出"复选框，输入退刀点坐标值为（Y50,Z30），单击"确定"按钮 ✓ ，完成参考点设置，如图 9-34 所示。

图 9-33 设置换刀点

图 9-34 设置退刀参考点位置

07 在"精车"对话框的"精车参数"选项卡中设置精车参数，如图 9-35 所示。

08 在"精车参数"选项卡中勾选"切入/切出"复选框，单击"切入/切出"按钮，弹出"切入/切出设置"对话框。在"切入"选项卡中取消勾选"使用进入向量"复选框，勾选"切入圆弧"复选框，并单击"切入圆弧"按钮，然后设置进/退刀的切弧参数，如图 9-36 所示。

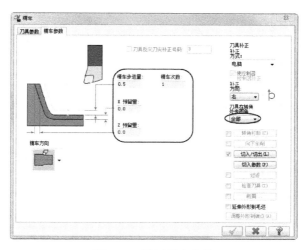

图 9-35　设置粗车参数

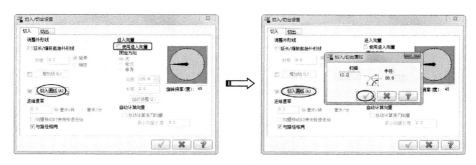

图 9-36　设置切入/切出参数和进退刀圆弧参数

09　在"精车参数"选项卡中单击"切入参数"按钮,弹出"车削切入参数"对话框,设置参数,如图 9-37 所示。

10　单击"确定"按钮 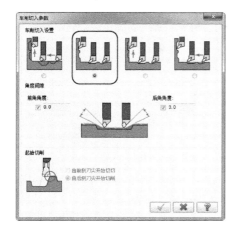 ,完成精车参数设置,根据所设参数生成精车刀路,如图 9-38 所示。

图 9-37　设置切入参数

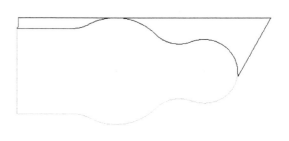

图 9-38　生成精车刀路

9.3 车槽加工

径向车削的凹槽加工主要用于车削工件上凹槽部分。

上机实战——车槽加工应用

对如图9-39所示的零件进行车槽加工，结果如图9-40所示。

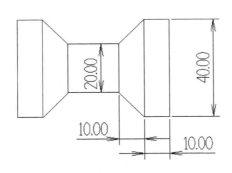

图9-39 车槽零件

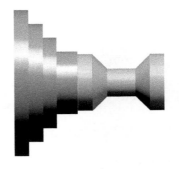

图9-40 加工结果

 **操作步骤**

01 打开本例源文件"9-3.mcam"。

02 在"车床车削"选项卡"常规"面板中单击"沟槽"按钮，弹出"沟槽选项"对话框。保留默认选项，单击"确定"按钮，弹出"串连选项"对话框。单击"部分串连"按钮，在绘图区选取图9-41所示的串连外形。

  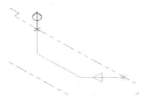

图9-41 选择串连外形曲线

03 随后弹出"沟槽粗车"对话框。在"刀具参数"选项卡中选择 T1818 R0.3 OD GROOVE CENTER-MEDIUM 的车刀，设置"进给速率"为0.3，"主轴转速"为1000，"最大主轴转速"为5000，如图9-42所示。

04 单击"冷却液"按钮，弹出 Coolant 对话框，将 Flood（油冷）选项设为 ON，如图9-43所示。单击"确定"按钮，完成冷却液设置。

05 在"机床原点"选项组中选择"用户定义"选项，再单击"定义"按钮，弹出"依照用户定义原点"对话框。设置换刀坐标值为（Y50,Z30），单击"确定"按钮，完成换刀点设置，如图9-44所示。

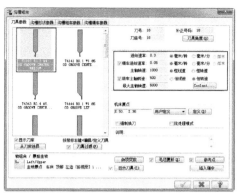

图 9-42　选择车削加工刀具

图 9-43　打开冷却液

06 在"刀具参数"选项卡中勾选"参考点"复选框，弹出"参考点"对话框。勾选"退出"复选框，输入退刀点坐标值为（Y50，Z30），单击"确定"按钮 ✓ ，完成参考点设置，如图 9-45 所示。

图 9-44　设置换刀点

图 9-45　设置退刀参考点位置

07 在"沟槽粗车"对话框的"沟槽粗车参数"选项卡中设置沟槽粗车参数，如图 9-46 所示。

08 单击"沟槽粗车"对话框中的"确定"按钮 ✓ ，根据所设参数生成沟槽粗车刀路，如图 9-47 所示。

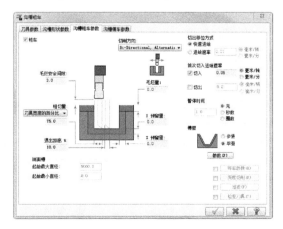

图 9-46　设置沟槽粗车参数

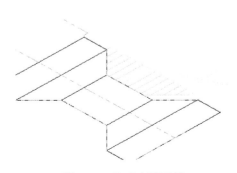

图 9-47　生成车槽刀路

09 在"刀路"选项面板中单击"毛坯设置"选项，弹出"机床群组属性"对话框。在对话框的"毛坯设置"选项卡中设置图9-48所示的毛坯选项。

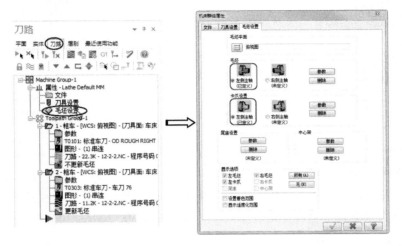

图 9-48　毛坯选项设置

10 在"毛坯设置"选项卡中单击"毛坯"选项组中的"参数"按钮，弹出"机床组件管理－毛坯"对话框。在对话框中设置"外径"值为86，"长度"值为100，"轴向位置"的值为0，单击"确定"按钮 ✓ ，完成毛坯设置，如图9-49所示。

11 在"毛坯设置"选项卡中单击"卡爪"选项组中的"参数"按钮，弹出"机床组件管理－卡盘"对话框，定义卡盘参数，如图9-50所示。单击"确定"按钮 ✓ ，完成卡爪设置。

图 9-49　设置毛坯

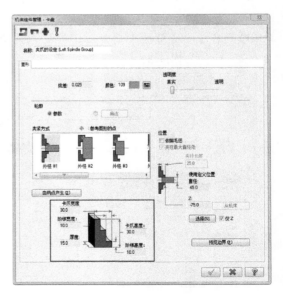

图 9-50　设置卡盘

12 最后单击"实体仿真"按钮，进行仿真模拟，模拟结果如图9-51所示。

图9-51 模拟结果

9.4 车削端面加工

车削端面加工适用于车削毛坯工件的端面，或零件结构在Z方向的尺寸较大的工件。

上机实战——车削端面加工应用

对如图9-52所示的零件进行端面车削，车削结果如图9-53所示。

图9-52 车削零件　　　　　　图9-53 加工结果

操作步骤

01 打开本例源文件"9-4.mcam"。

02 在"车床车削"选项卡"常规"面板中单击"车端面"按钮，弹出"车端面"对话框。

03 在"车端面"对话框的"刀具参数"选项卡中设置刀具和刀具参数，选取端面车刀 T3131 R0.8 ROUGH FACE RIGHT–80DEG，设置"进给速率"为0.3，"主轴转速"为1000，如图9-54所示。

04 在"刀具参数"对话框中单击"冷却液"按钮，弹出 Coolant 对话框，设置冷却液的 Flood（油冷）选项为 ON，单击"确定"按钮，完成冷却液设置。

05 在"机床原点"选项组中选择"用户定义"选项，单击"定义"按钮，弹出"依照用户定义原点"对话框，如图9-55所示，设置换刀点坐标值为（Y60,Z30），单击"确定"按钮，完成换刀点设置。

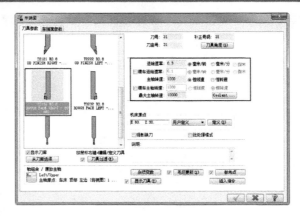

图9-54　设置刀具参数

06　勾选"参考点"复选框，弹出"参考点"对话框，勾选"退"复选框并输入坐标
值为（Y60,Z30），单击"确定"按钮 ，完成退刀点的设置，如图9-56所示。

图9-55　设置换刀点

图9-56　设置退刀点

07　在"车端面"对话框的"车端面参数"选项卡中设置"进刀延伸量"为1，"粗车
步进量"为1，"精车步进量"为0.5，"重叠量"为2，"退刀延伸量"为2，单击
"选择点"按钮，选取两点作为端面区域，如图9-57所示。

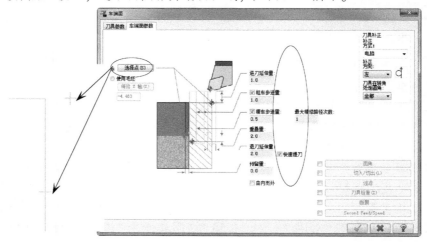

图9-57　设置车端面参数

08 单击"确定"按钮 ，生成车削端面刀路，如图 9-58 所示。

09 在"刀路"选项面板中单击"毛坯设置"选项，弹出"机床群组属性"对话框。在对话框的"毛坯设置"选项卡中设置如图 9-59 所示的毛坯选项。

图 9-58 车削端面刀路

图 9-59 设置毛坯选项

10 在"毛坯设置"选项卡中单击"毛坯"选项组中的"参数"按钮，弹出"机床组件管理－毛坯"对话框。在对话框中设置"外径"值为100，"长度"值为200，"轴向位置"的值为－198，单击"确定"按钮 ，完成毛坯设置，如图 9-60 所示。

11 单击"毛坯设置"选项卡的"卡爪"选项组中的"参数"按钮，弹出"机床组件管理－卡盘"对话框，定义卡盘参数，如图 9-61 所示。单击"确定"按钮 ，完成卡爪设置。

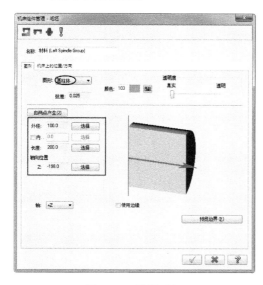

图 9-60 设置毛坯

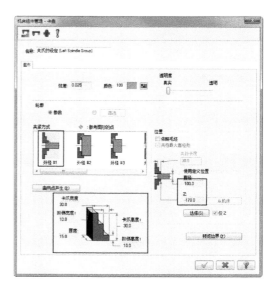

图 9-61 设置卡盘

12 最后单击"实体仿真"按钮，进行仿真模拟，模拟结果如图 9-62 所示。

图 9-62　模拟结果

9.5　课后习题

采用本章所学的粗车和精车车削刀轨对如图 9-63 所示的零件进行车削加工。

图 9-63　车削加工

第10章

线切割加工案例

线切割技术在现代制造业中应用极其广泛，它采用电极丝进行放电加工。线切割加工是线电极电火花切割的简称，即 WEDM，Mastercam 2018 提供了线切割的多种加工方式，包括外形线切割、无屑线切割和4轴线切割等。

 案例展现

ANLIZHANXIAN

案 例 图	描 述
	外形线割加工，采用直径 D0.14 的电极丝进行切割，放电间隙为单边 0.02mm，因此，补正量为 0.14/2 + 0.02 = 0.09mm，采用控制器补正，补正量即 0.09mm，穿丝点为原点。进刀线长度取 5mm 长，切割一次完成
	外形带锥度线割加工与外形切割方法相同，在"锥度"选项设置面板中设置线切割电极丝加工工件的锥度类型和锥度值，即可完成线切割刀路
	无屑线切割加工以线切割方式将要加工的区域全部切割掉，无废料产生，相当于铣削效果，类似于铣削挖槽加工
	四轴线切割主要用于切割具有上下异形的工件，四轴为 X、Y、U、V 四个轴方向，可以加工比较复杂的零件

10.1 外形线切割

外形线切割是电极丝根据选取的加工串连外形切割出产品形状的加工方法。可以切割直侧壁零件，也可以切割带锥度的零件。外形线切割加工应用较广泛，可以加工很多较规则的零件。

在"机床"选项卡"机床类型"面板中单击"线切割"|"默认"选项，弹出"线切割线割刀路"选项卡，如图10-1所示。

图 10-1 "线切割线割刀路"选项卡

选择默认的线切割机床后，即启动了线切割加工模组，接下来即可进行线切割加工编程了。

在"线割刀路"面板中单击"外形"按钮，弹出"线切割刀路 – 外形参数"对话框。该对话框用于设置外形线切割刀路的参数，如图10-2所示。

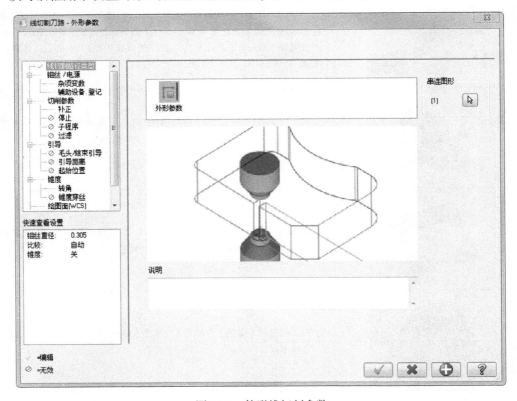

图 10-2 外形线切割参数

外形线切割刀路需要设置切削、补正、停止、引导、锥度等参数，下面将详细讲解各参数含义。

10.1.1 钼丝/电源

"钼丝/电源"选项设置面板中的选项可用于设置电源参数以及电极丝相关参数，如图10-3 所示。

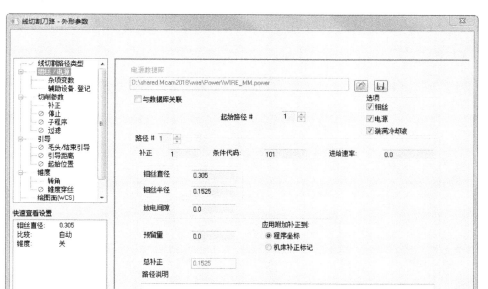

图10-3 "钼丝/电源"选项设置面板

部分选项含义如下。

● 钼丝：勾选此复选框，表示为机床装上电极丝。
● 电源：勾选此复选框，表示为机床装上电源。
● 装满冷却液：勾选此复选框，表示为机床装满冷却液。
● 路径#：线切割刀路对应的编号。
● 钼丝直径：设置电极丝的直径。
● 钼丝半径：设置电极丝的半径。
● 放电间隙：设置电火花的放电间隙，即火花位。
● 预留量：设置放电加工的预留材料。

10.1.2 杂项变数

"杂项变数"选项设置面板中的选项用于设置相关辅助参数，如图10-4 所示。

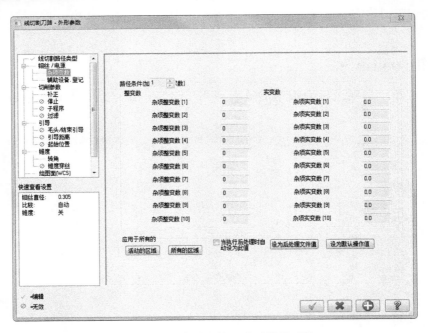

图 10-4 "杂项变数"选项设置面板

10.1.3 切削参数

"切削参数"选项设置面板中的选项用于设置切削相关参数,如图 10-5 所示。

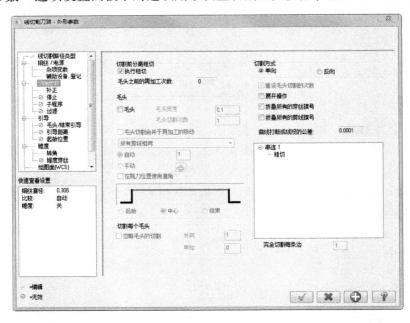

图 10-5 "切削参数"选项设置面板

部分选项含义如下。

- 切削前分离粗切：此项主要是将粗切和精加工分离，方便支撑切削。
- 毛头之前的再加工次数：设置支撑加工前的粗切次数。
- 毛头：进行多次加工时，在前几次的粗切中，线切割电极丝并不将所有外形切割完，而是留一段不加工，最后再进行加工。
- 毛头宽度：设置毛头的宽度。
- 切割方式：有"单向"和"反向"两种。"单向"是自始至终都采用相同的方向。"反向"是每切割一次，下一次切割都进行反向切割。

10.1.4 补正

"补正"选项设置面板中的选项用于设置线切割钼丝的补正参数，如图 10-6 所示。

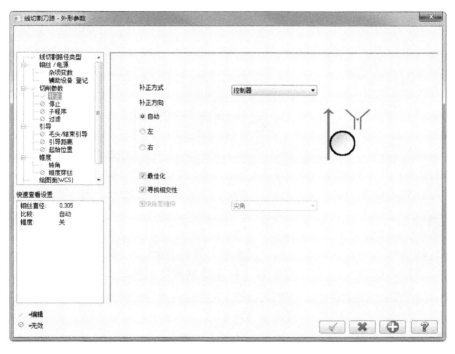

图 10-6 "补正"选项设置面板

部分选项含义如下。

- 补正方式：设置补正的类型。补正类型包括"电脑""控制器""两者""两者反向""关"五种。
- 补正方向：设置刀补偏移方向，包括"自动""左""右"三种。"左"即沿串连方向，电极丝往串连向左偏。"右"即沿串连方向，电极丝往串连向右偏。

10.1.5 停止

"停止"选项设置面板中的选项用于设置线切割电极丝遇到毛头停止的参数，如图 10-7 所示。

部分选项含义如下。

- 从每个毛头：遇到每个毛头都执行停止指令。
- 在第一个毛头的操作：遇到第一个毛头时执行停止指令。
- 暂时停止：遇到毛头时暂停。
- 再次停止：遇到之前的毛头时再次停止。
- 串连1：显示此串连中刀路的各种动作轨迹。

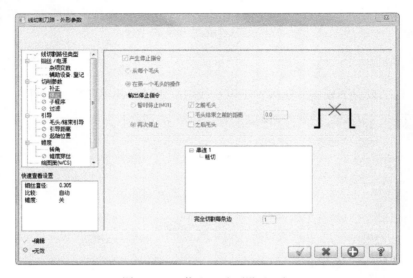

图 10-7　"停止"选项设置面板

10.1.6 引导

"引导"选项设置面板中的选项用于设置线切割电极丝进刀和退刀相关参数，如图10-8所示。引导线包括多种形式，有直线、直线和圆弧以及2直线和圆弧等。

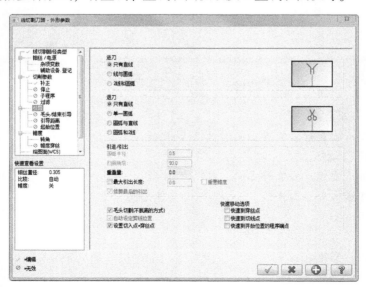

图 10-8　"引导"选项设置面板

部分选项含义如下。

● "进刀"选项组：设置电极丝进入工件时的引导方式。

● "退刀"选项组：设置电极丝退出工件时的引导方式。

● 只有直线：进刀或退刀是只采用直线的方式。

● 单一圆弧：采用一段圆弧方式退刀。

● 圆弧与直线：采用一直线加一圆弧的方式进退刀。

● 圆弧和2线：采用2条直线加圆弧的方式进退刀。

● 重叠量：退刀点相对于进刀点多走一段重复的路径再执行退刀动作。

10.1.7 引导距离

"引导距离"选项设置面板中的选项用于设置线切割电极丝进刀点和工件之间的距离，如图10-9所示。进刀距离一般不宜过大，否则浪费时间，一般取10mm以下。

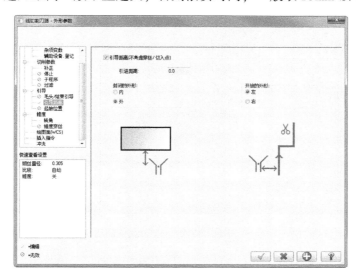

图10-9 "引导距离"选项设置面板

10.1.8 锥度

"锥度"选项设置面板中的选项用于设置线切割电极丝加工工件的锥度类型和锥度值，如图10-10所示。

切割工件呈锥度的形式有多种，下面将详细讲解。

● /\：切割成下大上小的锥度侧壁。

● \/：切割成上大下小的锥度侧壁。

● 冖：切割成下大上小并且上方带直立侧面的复合锥度。

● 凵：切割成上大下小并且下方带直立侧面的复合锥度。

● 起始锥度：输入锥度值。

● 串连高度：设置选取的串连所在的高度位置。

● 锥度方向：设置电极丝的锥度方向。

- 左：沿串连方向电极丝往左偏设置的角度值。
- 右：沿串连方向电极丝往右偏设置的角度值。
- 快速移动高度：设置线切割机上导轮引导电极丝快速移动（空运行）时的 Z 高度。
- UV 修剪平面：设置线切割机上导轮相对于串连几何的 Z 高度。
- UV 高度：设置切割工件的上表面高度。
- 陆地高度：当切割带直侧壁和锥度的复合锥度时，此项可以设置锥度开始的高度位置。
- XY 高度：设置切割工件下表面的高度。
- XY 修剪平面：设置线切割机下导轮相对于串连几何的 Z 高度。

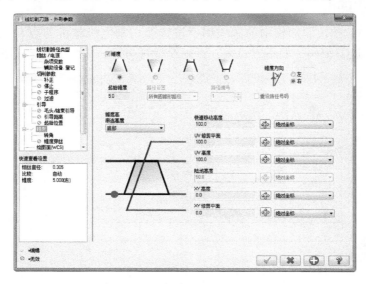

图 10-10　"锥度"选项设置面板

上机实战——外形线割加工

对图 10-11 所示的图形进行线切割加工，加工结果如图 10-12 所示。

图 10-11　扳手图形

图 10-12　加工结果

技术点拨	本案例采用直径 D0.14 的电极丝进行切割，放电间隙为单边 0.02mm，因此，补正量为 0.14/2 + 0.02 = 0.09mm，采用控制器补正，补正量即 0.09mm，穿丝点为原点。进刀线长度取 5mm 长，切割一次完成。

操作步骤

01 打开本例源文件"10-1.mcam"。

02 在"线切刀路"面板中单击"外形"按钮，弹出"串连选项"对话框。

03 先选取穿丝点，再选取加工串连，如图10-13所示。

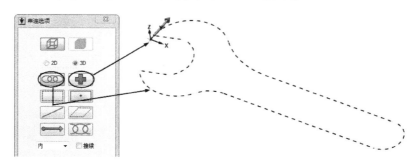

图10-13 选取穿丝点和串连

04 弹出"线切割刀路-外形参数"对话框。在"钼丝/电源"选项设置面板中设置电极丝参数，如图10-14所示。

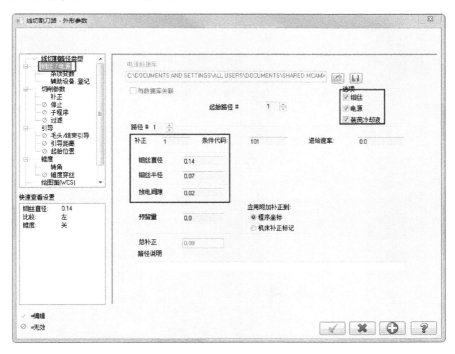

图10-14 设置电极丝参数

05 在"切削参数"选项设置面板设置切削相关参数，如图10-15所示。

06 在"补正"选项设置面板中设置补正参数，如图10-16所示。

07 在"锥度"选项设置面板中设置线切割锥度和高度参数，如图10-17所示。

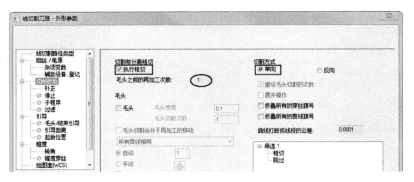

图 10-15　设置切削参数

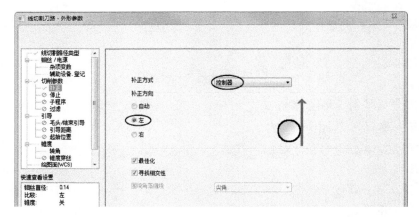

图 10-16　设置补正参数

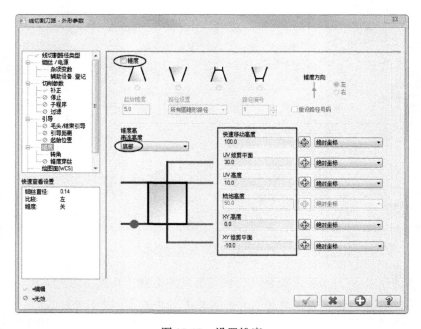

图 10-17　设置锥度

08　单击"确定"按钮 ，生成线切割刀路，如图 10-18 所示。

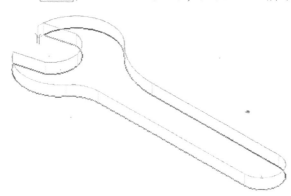

图 10-18　线切割刀路

09　在"刀路"选项面板中选择"毛坯设置"选项，在弹出的对话框中定义毛坯，如图 10-19 所示。

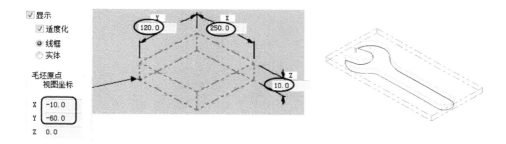

图 10-19　设置毛坯

10　单击"实体模拟"按钮 ，进行实体仿真，仿真效果如图 10-20 所示。

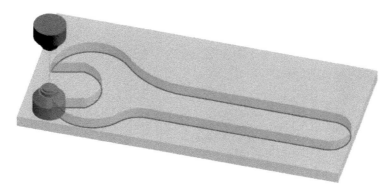

图 10-20　实体仿真结果

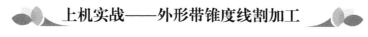
上机实战——外形带锥度线割加工

对如图 10-21 所示的图形进行线切割加工，加工结果如图 10-22 所示。

图 10-21　加工图形

图 10-22　加工结果

| 技术点拨 | 　　本案例采用直径 D0.14 的电极丝进行切割，放电间隙为单边 0.01mm，因此，补正量为 0.14/2 + 0.01 = 0.08mm，采用控制器补正，补正量即 0.08mm，穿丝点为原点。锥度为 3°，进刀线长度取 5mm 长，切割一次完成。 |

操作步骤

01 打开本例源文件"10-2.mcam"。

02 在"线切刀路"面板中单击"外形"按钮▣，弹出"串连选项"对话框，先选取穿丝点，再选取加工串连，如图 10-23 所示。

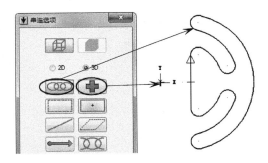

图 10-23　选取穿丝点和串连

03 弹出"线切割刀路-外形参数"对话框。在"钼丝/电源"选项设置面板中设置电极丝参数，如图 10-24 所示。

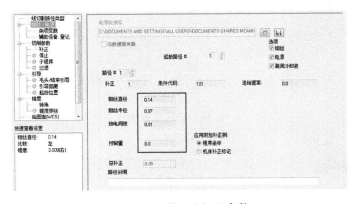

图 10-24　设置电极丝参数

04 在"切削参数"选项设置面板中设置切削相关参数，设置如图 10-25 所示。

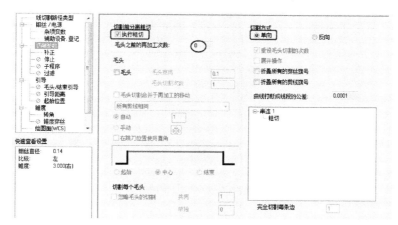

图 10-25 设置切削参数

05 在"补正"选项设置面板中设置补正参数，如图 10-26 所示。

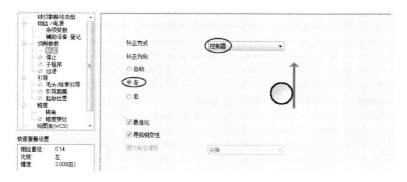

图 10-26 设置补正参数

06 在"线切割刀路 – 外形参数"对话框中单击"锥度"选项，弹出锥度与锥高度选项设置面板，设置线切割锥度和高度参数，如图 10-27 所示。

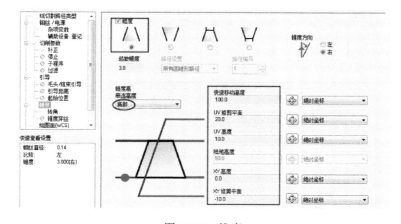

图 10-27 锥度

07 单击"确定"按钮 ，根据参数生成线切割刀路，如图 10-28 所示。

图 10-28　生成线切割刀路

10.2　无屑线切割

　　无屑线切割加工采用线切割方式将要加工的区域全部切割掉，无废料产生，相当于铣削效果，类似于铣削挖槽加工。

上机实战——无屑线割加工

　　对如图 10-29 所示的图形进行无屑线切割加工，加工结果如图 10-30 所示。

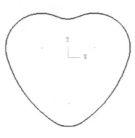

图 10-29　加工图形

图 10-30　加工结果

> **技术点拨**　　采用直径 D0.14mm 的电极丝进行切割，放电间隙为单边 0.01mm，因此，补正量为 $0.14/2 + 0.01 = 0.08mm$，采用控制器补正，补正量即 0.08mm，穿丝点为原点。切割一次完成。

操作步骤

01 打开本例源文件"10-3. mcam"。

02 在"线切刀路"面板中单击"无屑切割"按钮 ，弹出"串连选项"对话框，选取加工串连，如图 10-31 所示。

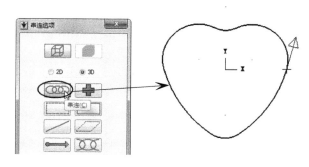

图 10-31 选取加工串连

03 弹出"线切割刀路-无屑切割"对话框。在"钼丝/电源"选项设置面板中设置电极丝直径、放电间隙、预留量等参数，如图 10-32 所示。

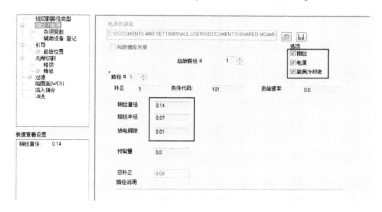

图 10-32 设置电极丝参数

04 在"无削切割"选项设置面板中设置高度参数，如图 10-33 所示。

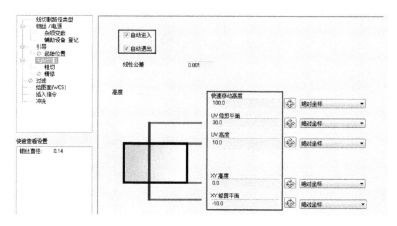

图 10-33 设置无削切割参数

05 在"粗切"选项设置面板中选择"平行环切"切削方式，如图 10-34 所示。

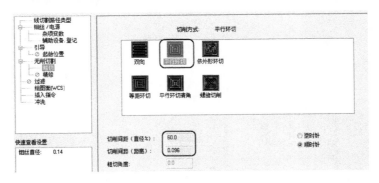

图 10-34　选择切削方式

06　根据所设置的参数生成无屑线切割刀路，如图 10-35 所示。

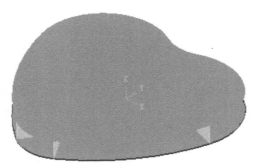

图 10-35　生成无屑线切割刀路

10.3　四轴线切割

四轴线切割主要用于切割具有上下异形的工件，四轴为 X、Y、U、V 四个轴方向，可以加工比较复杂的零件。

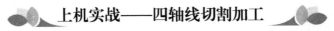

上机实战——四轴线切割加工

对如图 10-36 所示的图形进行四轴线切割加工，加工结果如图 10-37 所示。

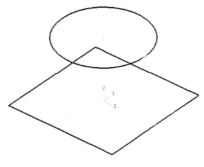

图 10-36　加工图形

图 10-37　加工结果

本案例采用直径 D0.3mm 的电极丝进行切割，放电间隙为单边 0.02mm，因此，补正量为 0.3/2 + 0.02 = 0.17mm，采用控制器补正，补正量即 0.17mm。本例是天圆地方模型，外形上下不一样，因此需要采用四轴线切割进行加工。

 操作步骤

01 打开本例源文件 "10-4.mcam"。

02 在"线割刀路"面板中单击"四轴"按钮4|，弹出"串连选项"对话框，在"串连选项"对话框中单击"串连"按钮◯◯◯，选取穿丝点和加工串连，单击"确定"按钮完成选取，如图 10-38 所示。

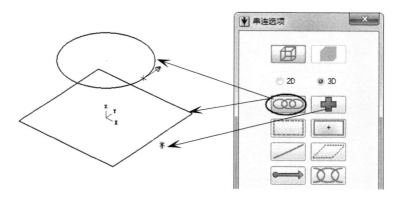

图 10-38　选取穿丝点和串连

03 弹出"线切割刀路-四轴"对话框。在"钼丝/电源"选项设置面板中设置电极丝直径、放电间隙等，如图 10-39 所示。

图 10-39　设置电极丝参数

04 在"切削参数"选项设置面板中设置切削参数，如图 10-40 所示。

05 在"线切割刀路-四轴"对话框中单击"补正"选项，在"补正"选项面板中设置补正参数，如图 10-41 所示。

图 10-40　设置切削参数

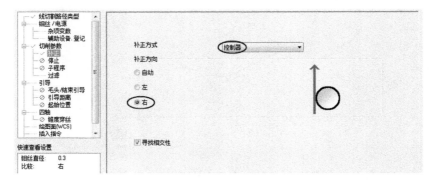

图 10-41　设置补正参数

06 在"四轴"选项设置面板中设置高度等参数，如图 10-42 所示。

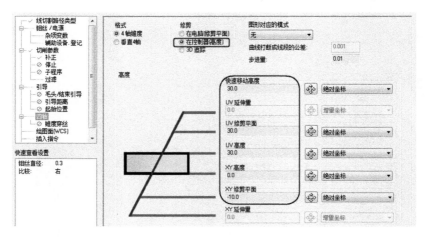

图 10-42　设置四轴参数

07 根据所设参数生成刀路，如图 10-43 所示。

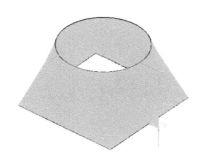

图 10-43 生成刀路

10.4 课后习题

采用外形线切割命令对如图 10-44 所示的燕尾槽形滑轨进行加工，加工结果如图 10-45 所示。

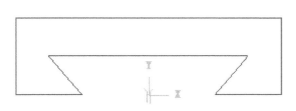

图 10-44 燕尾槽滑轨

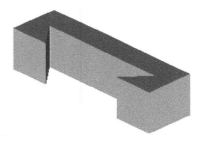

图 10-45 加工结果

第11章

模具零件加工案例

本章导读

　　模具加工是最为常见的数控加工类型，在模具加工时需要注意很多技术细节，编制加工程序要与实际相结合，才能得到高质量的加工零件。本章将着重介绍模具零件加工中的技术点拨与实战案例。

案例展现
ANLIZHANXIAN

案　例　图	描　　述
	本案例的模型是一个模具型腔（凹模）零部件，主要切削范围在中间的型腔内，曲面复杂，用三轴数控机床能满足切削加工要求。根据凹模加工特点，规划刀路如下。 　　（1）使用 D16R1 的圆鼻刀，采用挖槽粗加工刀路对凹模型腔进行粗加工加工。 　　（2）使用 D8 的球刀，采用等高外形精加工刀路对凹模侧壁进行精加工。 　　（3）使用 D8 的球刀，采用平行精加工刀路对凹模底部进行精加工。 　　（4）使用 D6 的球刀，采用环绕等距精加工刀路对凹模型腔进行精加工操作。 　　（5）实体仿真模拟

11.1 模具加工注意事项

在编写刀路之前，要先将图形导入编程软件，再将图形中心移动到默认坐标原点，最高点移动到 Z 原点，并将长边放在 X 轴方向，短边放在 Y 轴方向，基准位置的长边向着自己，如图 11-1 所示。

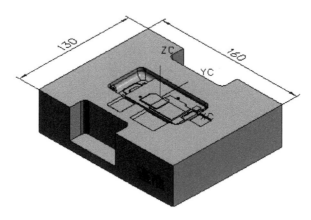

图 11-1　摆放图形

技术 点拨	将工件最高点移动到 Z 原点有两个目的，一是防止程式中忘记设置安全高度造成撞机，二是反映刀具保守的加工深度。

11.1.1　前模（定模或凹模）编程注意事项

编程技术人员编写前模加工刀路时，应注意以下事项。

● 前模加工的刀路排序：大直径刀具粗加工→小直径刀具粗加工和清角→大直径刀具精加工→小直径刀具清角和精加工。

● 应尽量用大直径刀具加工，不要用太小的刀，小直径刀具容易弹刀，粗加工通常先用圆鼻刀粗加工，精加工时尽量用圆鼻刀或球刀，因为圆鼻刀足够大、有力，而球刀主要用于曲面加工。

● 加工有 PL 面（分型面）的前模时，通常会碰到一个问题，精加工时 PL 面因碰穿需要加工到数，而型腔要留 0.2~0.5mm 的加工余量（留出来打火花）。这时可以将模具型腔表面朝正向补正 0.2~0.5 mm，PL 面在写刀路时将加工余量设为 0。

● 前模粗加工或精加工时通常要限定刀路范围，一般默认参数以刀具中心产生刀路，而不是刀具边界范围，所以实际加工区域比所选刀路范围单边大一个刀具半径。因此，合理设置刀路范围，可以优化刀路，避免加工范围超出实际加工需要。

● 前模粗加工常用的刀路方法是曲面挖槽、平行式精加工。前模加工时分型面、枕位面一般要加工到数，而碰穿面可以留余量 0.1 mm，以备配模。

● 若前模材料比较硬，加工前要仔细检查，减少错误，不可轻易烧焊。

11.1.2　后模（动模或凸模）编程注意事项

后模（动模）编程注意事项如下。

● 后模加工的刀路排序：大直径刀具粗加工→小直径刀具粗加工和清角→大直径刀具精加工→小直径刀具清角和精加工。

● 后模同前模所用材料相同，尽量用圆鼻刀加工。分型面为平面时，可用圆鼻刀精加工。如果是镶拼结构，则后模分为镶块固定板和镶块，需要分开加工。加工镶块固定板内腔时要多走几遍空刀，不然会有斜度，产生上面加工到数，下面加工不到位的现象，导致难以配模，深腔更明显。精加工内腔时尽量用大直径的新刀。

● 内腔高、较大时，可翻转过来首先加工腔部位，装配入腔后，再加工外形。如果有止口台阶，用球刀进行精加工时需控制加工深度，防止过切。内腔的尺寸可比镶块单边小 0.02mm，以便配模。镶块精加工时公差为 0.01～0.03mm，步距值为 0.2～0.5mm。

● 塑件产品上下壳配合处突起的边缘称为止口，止口结构在镶块上加工或在镶块固定板上用外形刀路加工。止口结构如图 11-2 所示。

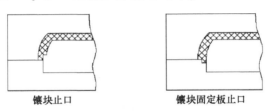

镶块止口　　　　　　　镶块固定板止口

图 11-2　止口结构

11.2　编程常见问题

在数控编程中，常遇到的问题有撞刀、弹刀、过切、漏加工、多余的加工、空刀过多、提刀过多和刀路凌乱等，这也是编程初学者急需解决的重要问题。

11.2.1　撞刀现象

撞刀是指刀具的切削量过大，除了切削刃外，刀杆也撞到了工件。造成撞刀的原因主要是安全高度设置不合理或根本没设置安全高度、选择的加工方式不当、刀具使用不当和二次粗加工时余量的设置比第一次粗加工设置的余量小等。

撞刀的原因及其解决方法介绍如下。

1. 吃刀量过大

吃刀量过大可引起刀具与工件碰撞，如图 11-3 所示。解决方法是减少吃刀量。刀具直径越小，其吃刀量应该越小。一般情况下模具粗加工每刀吃刀量不大于 0.5mm，半精加工和精加工吃刀量更小。

2. 不当加工方式

选择了不当的加工方式，同样会引起撞刀，如图 11-4 所示。解决方法是将等高轮廓铣的方式改为型腔铣的方式。当加工余量大于刀具直径时，不能选择等高轮廓的加工方式。

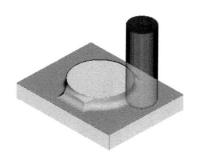

图 11-3　吃刀量过大引起撞刀

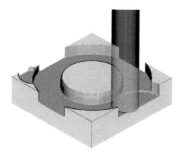

图 11-4　不当加工方式引起撞刀

3. 安全高度设置不当

安全高度设置不当也会引起撞刀现象，如图 11-5 所示。解决方法是设置安全高度大于装夹高度；多数情况下不能选择"直接的"进退刀方式，特殊工件除外。

4. 二次粗加工余量设置不当

二次粗加工余量设置不当也会引起撞刀现象，如图 11-6 所示。解决方法是设置二次粗加工时余量比第一次粗加工的余量稍大一点，一般大 0.05mm。比如，第一次粗加工余量为 0.3mm，则二次粗加工余量应为 0.35mm，否则刀杆容易撞到上面的侧壁。

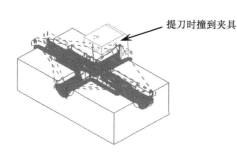

提刀时撞到夹具

图 11-5　安全高度设置不当引起撞刀

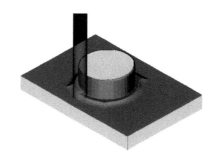

图 11-6　二次粗加工余量设置不当引起撞刀

5. 其他原因

除了上述原因会产生撞刀现象外，修剪刀路有时也会产生撞刀现象，故尽量不要修剪刀路。撞刀产生最直接的后果就是损坏刀具和工件，更严重的可能会损害机床主轴。

11.2.2　弹刀现象

弹刀是指刀具因受力过大而产生幅度相对较大的振动。弹刀造成的危害是工件过切和损坏刀具，当刀径小且刀杆过长或受力过大时会产生弹刀的现象。下面是弹刀的原因及其解决方法。

1. 刀径小且刀杆过长

刀径小且刀杆过长会导致弹刀现象，如图 11-7 所示。解决方法是改用大一点的球刀清角或电火花加工深的角位。

2. 吃刀量过大

吃刀量过大会导致弹刀现象，如图 11-8 所示。解决方法是减少吃刀量（即全局每刀深度），当加工深度大于 120mm 时，要分开两次装刀，即先装上短的刀杆加工到 100mm 的深度，然后再装上加长刀杆加工 100mm 以下的部分，并设置小的吃刀量。

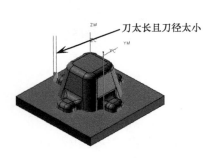

图 11-7　刀杆问题引起弹刀

图 11-8　吃刀量大引起弹刀

技术点拨	弹刀现象最容易被编程初学者所忽略，要引起足够的重视。编程时，应根据切削材料的性能和刀具的直径、长度来确定吃刀量和最大加工深度。

11.2.3　过切现象

过切是指刀具把不能切削的部位也切削了，使工件受到了损坏。造成工件过切的原因有多种，主要有机床精度不高、撞刀、弹刀、编程时选择小的刀具但实际加工时误用大的刀具等。另外，如果操机师傅对刀掌握不准确，也可能会造成过切。图 11-9 中的过切情况是由于安全高度设置不当而造成的。

11.2.4　漏加工现象

漏加工是指模具中存在刀具能加工却没有加工的地方，其中平面中的转角处是最容易漏加工的，如图 11-10 所示。

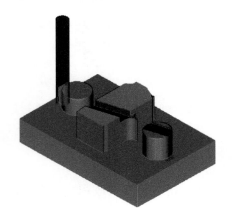

图 11-9　过切

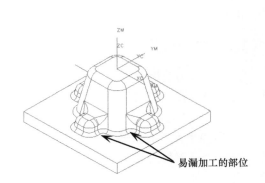

图 11-10　平面中的转角处漏加工

解决方法是先使用较大的平底刀或圆鼻刀进行光平面，当转角半径小于刀具半径时，则转角处就会留下余量，如图 11-11 所示。为了清除转角处的余量，应使用球刀在转角处补加刀路，如图 11-12 所示。

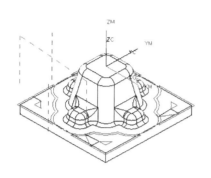

图 11-11　平面铣加工

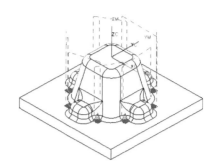

图 11-12　补加刀路

11.2.5　多余加工现象

多余加工是指对刀具加工不到的地方或电火花加工的部位进行加工，多发生在精加工或半精加工。有些模具的重要部位或者普通数控加工不能加工的部位都需要进行电火花加工，所以在粗加工或半精加工完成后，这些部位无须再使用刀具进行精加工，否则会浪费时间或者造成过切。图 11-13 所示的模具部位即无须进行精加工。

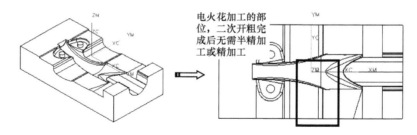

图 11-13　无须进行精加工的部位

11.2.6　空刀过多现象

空刀是指刀具在加工时没有切削到工件，空刀过多时会造成时间浪费。产生空刀的原因多是加工方式选择不当、加工参数设置不当、已加工的部位所剩的余量不明确和大面积进行加工，其中选择大面积的范围进行加工最容易产生空刀。

为避免产生过多的空刀，在编程前应详细分析加工模型，确定多个加工区域。编程总脉络是粗加工用铣腔型刀路，半精加工或精加工平面用平面铣刀路，陡峭的区域用等高轮廓铣刀路，平缓区域用固定轴轮廓铣刀路。半精加工时不能选择所有的曲面进行等高轮廓铣加工，否则将产生过多空刀，如图 11-14 所示。

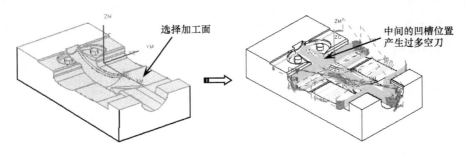

图 11-14　空刀过多

11.2.7　残料的计算

残料的计算对于编程非常重要，只有清楚地知道工件上任何部位剩余的残料，才能确定下一工序使用的刀具以及加工方式。把刀具看作是圆柱体，则刀具在直角上留下的余量可以根据勾股定理进行计算，如图 11-15 所示。

如果并非直角，而是有圆弧过渡的内转角，其余量同样需要使用勾股定理进行计算，如图 11-16 所示。

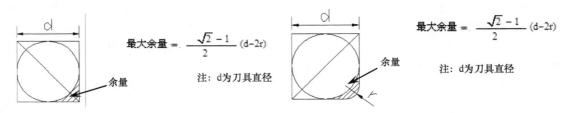

最大余量 $= \dfrac{\sqrt{2}-1}{2}(d-2r)$

注：d为刀具直径

最大余量 $= \dfrac{\sqrt{2}-1}{2}(d-2r)$

注：d为刀具直径

图 11-15　直角上的余量计算　　　　　　　　图 11-16　非直角上的余量计算

在图 11-17 所示的模型中，转角半径为 5mm，如使用 D30R5 的飞刀进行粗加工，则转角处的残余量约为 4mm；当使用 D12R0.4 的飞刀进行等高清角时，则转角处的余量约为 0.4mm；当使用 D10 或比 D10 小的刀具进行加工时，则转角处的余量为设置的余量，当设置的余量为 0 时，可以完全清除转角上的余量。

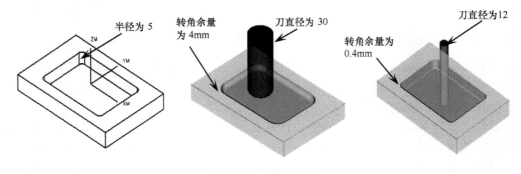

图 11-17　转角余量

当使用 D30R5 的飞刀对上图的模型进行粗加工时，其底部会留下圆角半径为 5mm 的余量，如图 11-18 所示。

图 11-18　底部留下余量

11.3　模具加工基本技巧

Mastercam 中二维刀路和三维刀路是区分开的，并且三维刀路又分为粗加工和精加工，合理选用刀路能获得高质量的加工结果。掌握一些常用的技巧，就能快速掌握 Mastercam 的编程加工。

Mastercam 加工主要分三个阶段，粗加工、精光和清角。

11.3.1　粗加工阶段

粗加工阶段的主要目的是去除毛坯残料，尽可能快地将大部分残料清除干净，而不需要在乎精度高低或表面光洁度的问题。主要从两方面来衡量粗加工，一是加工时间，二是加工效率。一般设定较低的主轴转速和较大吃刀量进行切削。从以上两方面考虑，粗加工挖槽是首选刀路，挖槽加工的效率是所有刀路中最高的。铜公粗加工时，外形余量已经均匀，可以采用等高外形进行二次粗加工。对于平坦的铜公曲面，一般也可以采用平行精加工大吃刀量进行粗加工。采用小直径刀具进行等高外形二次粗加工，或利用挖槽以及残料进行二次粗加工，使余量均匀。粗加工除了要保证效率外，还要保证粗加工完后，局部残料不能过厚，因为局部残料过厚的话，精加工阶段容易断刀或弹刀。因此，在保证效率和时间的同时，要保证残料的均匀。

11.3.2　精光阶段

精加工阶段主要目的是提高精度，尽可能满足加工精度要求和光洁度要求，因此，会牺牲时间和效率。此阶段不能求快，要精雕细琢，才能达到精度要求。对于平坦的或斜度不大的曲面，一般采用平行精加工进行加工，此刀路在精加工中应用非常广泛，刀路切削负荷平稳，加工精度也高，通常用于重要曲面加工，如模具分型面位置。对于比较陡的曲面，通常采用等高外形精加工。对于曲面中的平面位置，通常采用挖槽中的面铣功能来加工，效率和质量都非常高。曲面非常复杂时，平行精加工和等高外形满足不了要求，还可以配合浅平面精加工和都斜面精加工来加工。此外，环绕等距精加工通常用于最后一层残料的清除，此刀路呈等间距排列，不过计算时间稍长，刀路较费时，对复杂的曲面效果比较好，可以加工浅平面，也可以加工陡斜面，但是千万不要加工平面，否则会极大地影响效率。

11.3.3 清角阶段

经过了粗加工阶段和精加工阶段，零件上的残料基本已经清除得差不多了，只有少数或局部存在一些无法清除的残料，此时需要采用专门的刀路来加工。特别是当两曲面相交时，交线处球刀无法进入，因此，前面的曲面精加工无法达到要求，此时一般采用清角刀路。对于平面和曲面相交所得的交线，可以采用外形刀路用平刀进行清角，或采用挖槽面铣功能进行清角。除此之外，也可以采用等高外形精加工来清角。如果是比较复杂的曲面和曲面相交所得交线，只能采用交线清角精加工来清角了。

11.4 综合训练：玩具车外壳凹模加工

对如图 11-19 所示的玩具车凹模型腔进行加工，加工结果如图 11-20 所示。

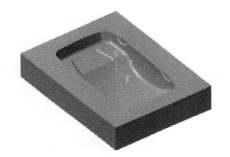

图 11-19　玩具车凹模　　　　　　　　图 11-20　加工结果

根据凹模加工特点，规划刀路如下。

（1）使用 D16R1 的圆鼻刀，采用挖槽粗加工刀路对凹模型腔进行粗加工加工。

（2）使用 D8 的球刀，采用等高外形精加工刀路对凹模侧壁进行精加工。

（3）使用 D8 的球刀，采用平行精加工刀路对凹模底部进行精加工。

（4）使用 D6 的球刀，采用环绕等距精加工刀路对凹模型腔进行精加工操作。

（5）实体仿真模拟。

1. 挖槽粗加工

使用 D16R1 的圆鼻刀，采用挖槽粗加工刀路对凹模型腔进行粗加工加工。

 **操作步骤**

01　打开源文件"11-1. mcam"。

02　在"机床"选项卡的"机床类型"面板中选择"铣削"机床类型，弹出"铣削刀路"选项卡。

03　在"铣削刀路"选项卡的"3D"面板中单击"挖槽"按钮 ，再选取全部实体图形，随后弹出"刀路曲面选择"对话框。单击"切削范围"选项组中的"选择"按钮 ，选取如图 11-21 所示的边界。

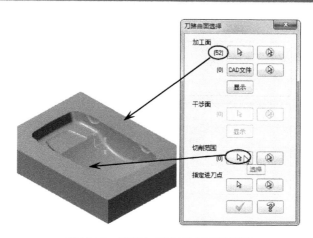

图 11-21 选取加工曲面和切削范围

04 弹出 "曲面粗切挖槽" 对话框, 如图 11-22 所示。

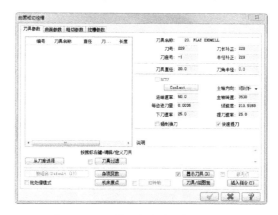

图 11-22 "曲面粗切挖槽" 对话框

05 在 "刀具参数" 选项卡中新建 D16R1 的圆鼻刀, 如图 11-23 所示。

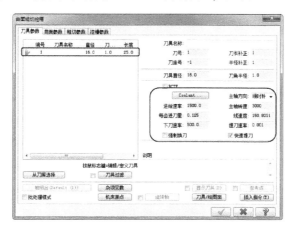

图 11-23 设置刀具参数

06 在"曲面参数"选项卡中设置曲面参数,如图 11-24 所示。

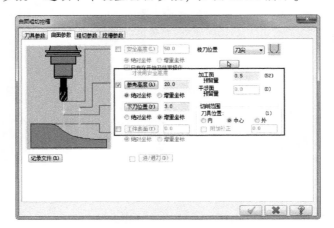

图 11-24　设置曲面参数

07 在"粗切参数"选项卡中设置挖槽粗加工参数。设置"Z 最大步进量"为 1,如图 11-25 所示。

图 11-25　设置粗加工参数

08 单击"螺旋进刀"按钮,弹出"螺旋/斜插下刀设置"对话框,在"螺旋进刀"选项卡中设置"最小半径"为 5、"最大半径"为 10,如图 11-26 所示。

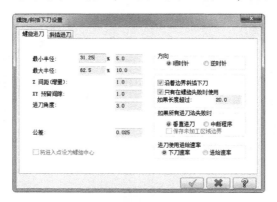

图 11-26　设置螺旋式下刀参数

09 在"挖槽参数"选项卡中设置切削方式,如图 11-27 所示。

10 根据设置的参数生成挖槽粗加工刀路,如图 11-28 所示。

图 11-27 设置挖槽参数

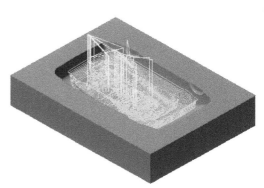

图 11-28 生成刀路

2. 等高外形精加工

使用 D8 的球刀,采用等高外形精加工刀路对凹模侧壁进行精加工。

 操作步骤

01 在"3D"面板中单击"传统等高"按钮 ，选取全部实体图形后弹出"刀路曲面选择"对话框,然后选择边界范围曲线,如图 11-29 所示。

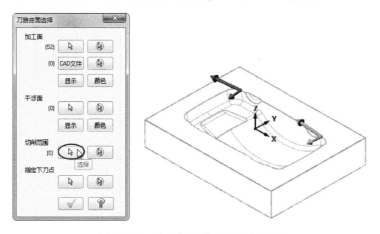

图 11-29 选取加工曲面和切削范围

02 在弹出的"曲面精修等高"对话框中新建 D8 的球刀,如图 11-30 所示。

03 在"曲面参数"选项卡中设置曲面参数,如图 11-31 所示。

04 在"等高精修参数"选项卡中设置等高外形精加工专用参数,如图 11-32 所示。

05 单击"确定"按钮 ，根据设置的参数生成等高外形精加工刀路,如图 11-33 所示。

图 11-30　新建刀具

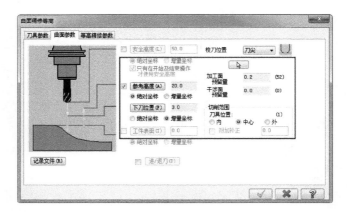

图 11-31　设置曲面参数

图 11-32　设置等高外形精加工参数

图 11-33　生成刀路

3. 平行精加工

使用 D8 的球刀，采用平行精加工刀路对凹模底部进行精加工。需要提前自定义功能区，将"精修平行铣削"命令调出来。

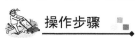 操作步骤

01 单击"精修平行铣削"按钮 ，选取所有实体图形后弹出"刀路曲面选择"对话框，接着选取曲面切削范围，如图 11-34 所示。

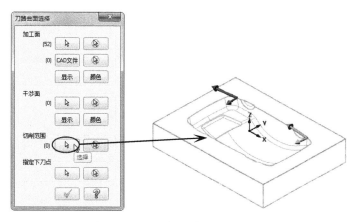

图 11-34　选取加工曲面和切削范围

02 随后弹出"曲面精修平行"对话框。该对话框用于设置曲面精加工的各种参数，采用曲面精修等高操作中所创建的 D8 球刀作为当前刀路使用的刀具，如图 11-35 所示。

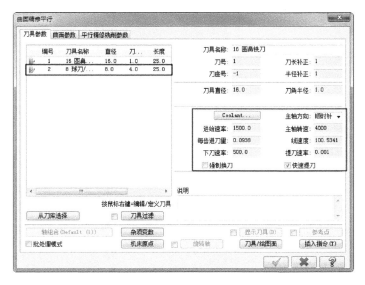

图 11-35　设置刀具参数

03 在"曲面参数"选项卡中设置曲面参数，如图 11-36 所示。

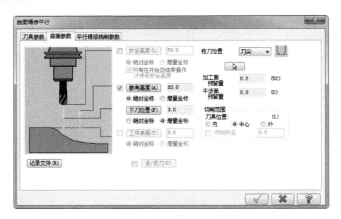

图 11-36　设置曲面参数

04　在"平行精修铣削参数"选项卡中设置平行精加工专用参数，如图 11-37 所示。

图 11-37　设置精加工平行铣削参数

05　在"平行精修铣削参数"选项卡中单击 间隙设置(G) 按钮，弹出"刀路间隙设置"对话框，设置如图 11-38 所示的刀路间隙参数。

06　单击"曲面精修平行"对话框中的"确定"按钮 ，生成平行精加工刀路，如图 11-39 所示。

图 11-38　设置刀路间隙

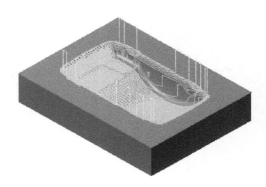

图 11-39　生成刀路

4. 环绕等距精加工

使用 D6 的球刀，采用环绕等距精加工刀路对凹模型腔进行精加工操作。"精修环绕等距"命令需要先自定义功能区调出来。

 **操作步骤**

01 单击"精修环绕等距"按钮 ，选取所有实体图形后弹出"刀路曲面选择"对话框，接着选取切削范围曲线，如图 11-40 所示。

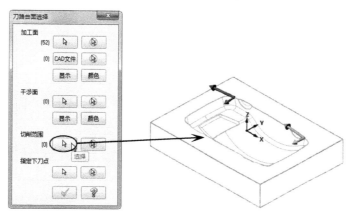

图 11-40 选取加工曲面和切削范围

02 弹出"曲面精修环绕等距"对话框。在"刀具参数"选项卡中新建 D6 的球刀，如图 11-41 所示。

图 11-41 新建刀具

03 在"曲面参数"选项卡中设置曲面参数，如图 11-42 所示。

04 在"环绕等距精修参数"选项卡中设置环绕等距精加工专用参数，如图 11-43 所示。

05 单击"确定"按钮 ，生成环绕等距精加工刀路，如图 11-44 所示。

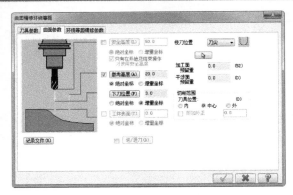

图 11-42　设置曲面参数

图 11-43　设置环绕等距精加工参数

图 11-44　生成刀路

5. 模拟仿真

在 Mastercam 中若要进行多刀路实体仿真，需要在"刀路管理器"选项面板中按住 Ctrl 键选择要进行仿真的多个刀路。

 操作步骤

01 在"刀路管理器"选项面板中单击"毛坯设置"选项，在弹出的对话框的"毛坯设置"选项卡中设置加工坯料的尺寸，如图 11-45 所示。

02 坯料设置结果如图 11-46 所示，虚线框显示的即为毛坯。

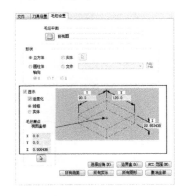

图 11-45　设置毛坯尺寸参数

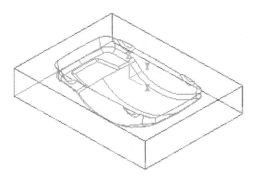

图 11-46　查看毛坯

03 按住 Ctrl 键依次选取要进行仿真的 4 个刀路，然后在"机床"选项卡"刀路模拟"面板中单击"实体模拟"按钮，进入实体仿真界面，模拟结果如图 11-47 所示。

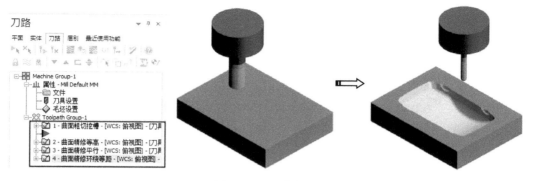

图 11-47　实体模拟

11.5　课后习题

对图 11-48 所示的一次性勺子凸模零件进行加工，结果如图 11-49 所示。

图 11-48　勺子凸模

图 11-49　加工结果

本书采用 Mastercam 2018 中文版为操作平台,帮助读者熟练掌握软件基础操作与 Mastercam 造型、模具设计以及编程的相关技巧。

全书共 11 章,分为两大部分。第 1～3 章主要针对初学者讲解造型设计、模具设计等功能和实战应用技巧。第 4～11 章主要介绍 Mastercam 的 2D、3D 以及多轴和车削、线切割、模具加工编程及应用方法。

本书配套网盘资料,内容丰富且实用,包含全书所有实例的毛坯和源文件,以及时长近 8 小时的高清语音教学视频,通过这种近似于手把手的立体化讲解方式,可以大幅提高读者学习效率。

本书图文并茂,讲解层次分明,思维简洁,重点、难点突出,技巧实用,适合广大 CAD 工程设计、CAM 加工制造和模具设计人员,一线加工操作人员以及相关专业的大中专院校师生学习和培训使用,也可供与设计行业相关的从业者作为参考手册进行查阅。

图书在版编目(CIP)数据

中文版 Mastercam 2018 数控加工从入门到精通/李敬文编著. —北京:机械工业出版社,2019.2(2022.7 重印)

ISBN 978-7-111-62006-8

Ⅰ.①中… Ⅱ.①李… Ⅲ.①数控机床—加工—计算机辅助设计—应用软件 Ⅳ.①TG659-39

中国版本图书馆 CIP 数据核字(2019)第 028907 号

机械工业出版社(北京市百万庄大街 22 号 邮政编码 100037)

策划编辑:丁 伦 责任编辑:丁 伦

责任校对:丁 伦 封面设计:子时文化

责任印制:单爱军

北京虎彩文化传播有限公司印刷

2022 年 7 月第 1 版第 5 次印刷

185mm×260mm · 17 印张 · 417 千字

标准书号:ISBN 978-7-111-62006-8

定价:69.90 元(附赠海量资源,含教学视频)

电话服务 网络服务

客服电话:010-88361066 机 工 官 网:www.cmpbook.com

010-88379833 机 工 官 博:weibo.com/cmp1952

010-68326294 金 书 网:www.golden-book.com

封底无防伪标均为盗版 机工教育服务网:www.cmpedu.com